[畜禽疾病诊疗手册丛书]

猪病诊疗手册

王中杰　高　光　李旭妮　主编

中国农业科学技术出版社

图书在版编目 (CIP) 数据

猪病诊疗手册 / 王中杰 , 高光 , 李旭妮主编 . — 北京：
中国农业科学技术出版社 , 2018.6
（畜禽疾病诊疗手册丛书）
ISBN 978-7-5116-3706-2

Ⅰ . ①猪… Ⅱ . ①王… ②高… ③李… Ⅲ . ①猪病—
诊疗—手册 Ⅳ . ① S858.28-62

中国版本图书馆 CIP 数据核字 (2018) 第 106391 号

责任编辑　李冠桥
责任校对　马广洋

出 版 者　中国农业科学技术出版社
　　　　　北京市中关村南大街 12 号　邮编：100081
电　　话　(010) 82109705（编辑室）　　(010) 82109702（发行部）
　　　　　(010) 82109709（读者服务部）
传　　真　(010) 82106625
网　　址　http://www.castp.cn
经 销 者　各地新华书店
印 刷 者　北京科信印刷有限公司
开　　本　710mm×1 000mm　1/16
印　　张　8.5
字　　数　150 千字
版　　次　2018 年 6 月第 1 版　　2018 年 6 月第 1 次印刷
定　　价　60.00 元

《畜禽疾病诊疗手册》
丛书编委会

主　　编：李金祥

副 主 编：吴文学　王中杰　苏　丹　曲鸿飞

编　　委：（以姓氏拼音为序）

　　　　　常天明　高　光　蒋　菲　李冠桥　李金祥　李秀波

　　　　　李旭妮　梁锐萍　刘魁之　孟庆更　曲鸿飞　苏　丹

　　　　　滕　颖　王　瑞　王天坤　王中杰　吴文学　肖　璐

　　　　　闫宏强　闫庆健　张海燕　邹　杰

策　　划：李金祥　闫庆健　林聚家

《猪病诊疗手册》
编委会

主　　编：王中杰　高　光　李旭妮
编　　委：(以姓氏拼音为序)
　　　　　常天明　高　光　李旭妮　苏　丹
　　　　　王天坤　王中杰　吴文学　邹　杰

序

　　我国是畜禽饲养大国，畜禽养殖规模和产量已经连续多年稳居世界第一。但是，由于产业结构、饲养规模和生产方式的变化以及防疫水平等原因，畜禽疫病的流行病学规律也在发生变化，近几年全国各地暴发畜禽疫病的报道屡见不鲜。畜禽疫病暴发不仅给养殖场造成巨大损失，也让广大消费者对畜禽产品质量安全忧心忡忡。

　　我国畜牧业"十三五"规划的整体目标中提到：到2020年，畜牧业可持续发展取得初步成效，经济、社会、生态效益明显。畜牧业发展方式转变取得积极进展，畜牧业综合生产能力稳步提升，结构更加优化，畜产品质量安全水平不断提高。为了实现畜禽产品供给和畜产品质量安全、生态安全和农民持续增收，我国兽医行业"十三五"发展总体思路中提出：进一步加强兽医科技人才队伍建设，增强自主创新能力，加强兽医基础研究，加强科技推广，提高兽医科技整体水平，进一步提高兽医人才队伍素质，为兽医事业发展提供更加坚实的科技保障。这就给广大兽医科研工作者指明了近期的工作任务与方向，同时也给基层兽医工作者在畜禽疫病的诊断和防治方面提出了新的技术要求。

　　因此，切实提高基层兽医工作者的临床诊断水平和疫病综合防治能力，是我国兽医工作面临的重大课题。基于此，我们邀请从事畜禽疾病研究并具有丰富临床兽医经验的中国农业大学动物医学院吴文学教授等专家撰写了一套《畜禽疾病诊疗手册》丛书。

　　该套丛书以解决基层兽医工作者实际需求为目标进行策划，力求实用，采用大量病例和临床照片，以图文并茂形式解读了家畜家禽疾病的发生环境、临床症状、病理变化以及预防、治疗措施等内容。这些内容对临床兽医工作者和饲养管理人员来说都是应当掌握的，其中，疾病诊断要点和综合防治措施尤为重要，是每个疾病诊疗的重点，典型症状包括对疾病诊断有帮助的临床症状和解剖变化。

该书立足文字简洁、技术实用、措施得当、便于操作，通俗易懂，直观生动，参照性强，是畜禽养殖者、基层兽医工作者的案头必备工具书，同时也是大专院校学生从业的重要参考工具书。

希望该书的出版能对兽医科技推广工作有所裨益，进一步提高基层兽医工作者的综合业务素质，确保畜禽产品供给和畜产品质量安全、生态安全和农民持续增收，为实现我国畜牧业"十三五"发展规划的任务目标贡献一份力量。

中国农业科学院副院长

李名禅

前言

　　近年来，我国猪传染病发生比较频繁，而且混合感染居多，给诊断和防治带来了很大困难。为此，我们根据临床经验，采用类症方法对常见传染病进行分类介绍，便于广大畜牧兽医技术人员和养殖户在诊治疾病时查阅。对于外科、内科、营养代谢和中毒病，本书仍按传统学科分类方式进行归类。

　　编写中，我们力求理论与实际相结合、实用性与知识性相统一。为帮助读者学习和理解，本书同时附有典型临床和病理解剖图谱。希望本书能成为临床兽医工作者学习和查询猪病学知识、开展临床诊治工作的常用手册。

　　尽管我们力图将本书编写为一本具有实用价值的好书，但由于时间仓促和学识水平的限制，本书中可能存在不全面或不准确的地方，衷心希望专家和读者提出宝贵意见，以便我们提高并在再版时更正。

目录

第一节　猪繁殖与呼吸综合征

一、概述

猪繁殖与呼吸综合征是一种由猪繁殖与呼吸综合征病毒引起的，以母猪繁殖障碍和各种年龄猪呼吸系统疾病为特征的综合性传染病（蓝耳病）。其特征是发热，厌食。母猪怀孕后期发生流产、产死胎、木乃伊胎和弱仔等，幼龄仔猪、育肥猪发生呼吸系统疾病和大量死亡。

二、流行病学

本病毒主要侵害种猪、繁殖母猪和仔猪，育肥猪，发病温和。病猪和带毒猪是主要的传染源，感染猪主要经口腔、鼻分泌物排出病毒，经呼吸道感染，也通过胎盘传播。感染后临床症状正常的猪是本病的主要传染源。集市贸易、猪只买卖移动、饲养密度过大、饲养管理及卫生条件不良、气候变化都可促进发病和流行。

三、临床症状

种母猪病初表现体温升高，精神不振或沉郁，厌食，发热，不同程度的呼吸困难。母猪妊娠后期出现早产、产死胎、产木乃伊胎、弱仔增多等（图1-1）。早产仔猪脐带肿

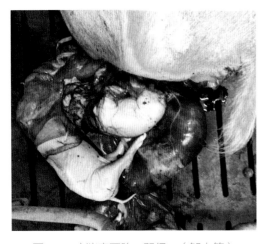

图1-1　病猪产死胎、弱仔　（邹杰等）

图1-2　病猪两耳发紫　（邹杰等）

大，出血，产后 24 小时死亡。感染本病毒的公猪体温上升、精神沉郁，虽常不表现临床症状，但精子质量下降并能通过其精液向外排出病毒。仔猪，以 2 ~ 28 日龄感染后仔猪症状最为明显，死亡率可达 80%。大多数仔猪主要表现体温升高，呼吸困难，有时呈腹式呼吸，甚至出现哮喘样的呼吸障碍。腹下、颈部、耳部充血、淤血发绀；个别仔猪外观皮肤蓝紫色，特别是两耳淤血发绀呈明显的蓝紫色，故称为蓝耳病（图 1-2）。病猪行走不稳或不能站立，四肢外展呈"八"字形呆立，后躯瘫痪，耐过的仔猪生长缓慢。育肥猪和成年猪发病时双眼肿胀、结膜炎和腹泻，并出现肺炎。

四、病理变化

肺部呈弥漫性的褐色实变，淋巴结肿大，特别是腹股沟淋巴结肿大明显（图 1-3）。仔猪肺脏表现为充血、淤血、深红色；肺泡内充满泡沫性渗出物（图 1-4）；大脑膜血管充血表面湿润，有多量的渗出液体；死亡仔猪胸部、腹部、颈部肌肉呈灰白色或黄白色，似开水烫过一样。

图 1-3　淋巴结肿大、切面外翻　（王中杰等）

图 1-4　肺脏肿大，呈花斑样　（王中杰等）

五、防治措施

（1）预防。本病主要采取综合防制措施及对症疗法，坚持自繁自养的原则，不轻易引种。如必需时，只从无本病的地区或猪场引进种猪。保育舍应做到全进全出、消毒空栏 7 天以上，可以有效降低本病的发生。

（2）疫苗免疫。流行性区域内接种疫苗可预防本病，因为病猪从恢复期开始即可产生免疫力，对再次感染均有抵抗力。

（3）治疗。发病后只能采取隔离、淘汰的处理方法，抗生素能减少继发感染细菌的危害，各种支持疗法可改善新生仔猪的存活率，在发病猪场主要采取综合性防制措施。

第二节　猪流行性感冒

一、概述

　　猪流行性感冒是一种急性、高度接触性、破坏呼吸系统的病毒性传染病，临床特征为急性发病，发热、咳嗽、呼吸困难、衰竭及迅速康复，迅速蔓延全群，表现上呼吸道炎症。流感病毒与其他病毒或细菌病原协同作用可引起猪呼吸道疾病综合征。

二、流行病学

　　不同年龄、性别和品种的猪对流感病毒均有易感性。病毒通过飞沫经呼吸道侵入易感猪体内，很快致病，又向外排出病毒，以至迅速传播，往往在 2～3 天内波及全群。康复猪和隐性感染的猪是以后发生流感的传染源。本病大多发生在天气骤变的晚秋和早春以及寒冷的冬季。一般发病率高，群体几乎全部发病，但病死率却很低，有细菌继发感染，则病情严重。

三、临床症状

　　病猪突然发热，精神不振，食欲减退或不食，常挤卧一起，不愿活动，咳嗽，呼吸困难，腹式呼吸（图 1-5）。从眼、鼻流出黏液性或脓性分泌物。行走时伴有阵发性的咳嗽，声音似尖叫，仔猪衰竭，生长猪生长缓慢。病程很短，2～6 天可以完全恢复。如果在发病期管理不当，则可并发支气管肺炎、胸膜炎等，从而增加病死率（图 1-6）。普通感冒与流行性感冒的区别，在于前者体温稍高，散发性，病程短，发病不如流感急，

图 1-5　病猪呼吸困难　（王中杰等）

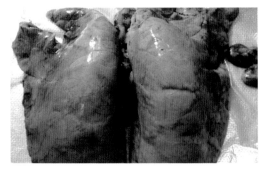

图 1-6　肺脏肿大、质地变硬　（王中杰等）

其他症状无多大差别。

四、病理变化

病变主要在呼吸器官，鼻、喉、气管和支气管黏膜充血，表面有多量泡沫状黏液（图1-7），有时混有血液，肺部病变轻重不一，有的只在边缘部分有轻度炎症，严重时，病变部呈紫红色。

图1-7　气管与支气管内泡沫状黏液　（王中杰等）

五、防治措施

（1）防止易感猪与感染猪接触。除康复猪带毒外，某些水禽和火鸡也可能带毒，应防止猪与这些动物接触。

（2）疫苗免疫。已制成猪流感病毒佐剂灭活苗，经2次接种后，免疫期可达8个月。人发生A型流感时，应防止病人与猪接触。

（3）治疗本病尚无特效药物。预防继发感染，重症病应服用抗生素或磺胺类药品，同时给予止咳祛痰药。

第三节　猪传染性胸膜肺炎

一、概述

猪传染性胸膜肺炎是由胸膜肺炎放线杆菌引起的猪的一种高度传染性呼吸道疾病。本病特征是纤维素性肺炎和胸膜炎。本病被国际公认为危害现代养猪业的重要疫病之一。

二、流行病学

本病的发生有明显的季节性，冬春寒冷季节多发。不同年龄的猪均有易感性，以6周至5月，体重在30～60千克的猪易感性最强。各种应激因素均可导致本病发生。病猪和带菌猪是本病的传染源，病原主要存在于呼吸道黏膜、气管、支气管、肺和扁桃体，通过空气飞沫传播，在大群集约化饲养条件下的猪群最易发生接触感染。

三、临床症状

由于动物的年龄、免疫状态、环境因素以及病原的感染数量的差异，临床上发病猪的病程长短不一。病猪体温升高，精神沉郁，废食，出现短暂的腹泻和呕吐症状，随病情发展，鼻、耳、眼及后躯皮肤发紫，后期呼吸极度困难，常呆立或呈犬坐姿势，张口伸舌、咳喘（图1-8）。临死前体温下降，严重者从口鼻流出泡沫血性分泌物。病猪于出现临床症状后 24 ~ 36 小时内死亡。有的病例见不到任何临床症状而突然死亡。

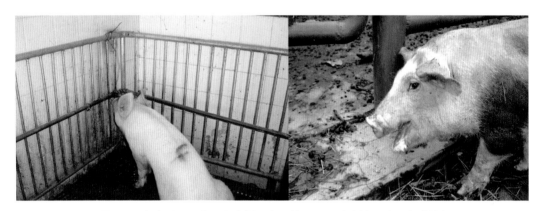

图 1-8　病猪呼吸困难、犬坐样、张口伸舌、口吐白沫　（吴文学等）

四、病理变化

主要病变存在于肺和呼吸道，肺呈紫红色，病灶多在肺的心叶、尖叶和膈叶，其与正常组织界限分明。死亡猪气管、支气管中充满泡沫状、黏液或血性黏液（图1-9）。发病 24 小时以上的病猪，肺炎区出现纤维素性物质附于表面，肺出血、间质增宽积留血色胶样液体（图1-10）。双侧性肺炎，常在心叶、尖叶和膈叶出现病灶（图1-11），

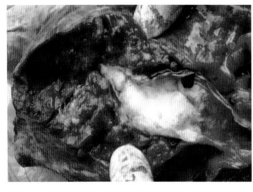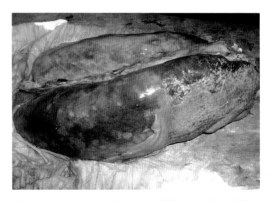

图 1-9　气管和支气管内泡沫样液体　（吴文学等）　　图 1-10　肺脏肉变、肿大、间质增宽　（吴文学等）

病灶区呈紫红色，坚实，轮廓清晰，随着病程的发展，纤维素性胸膜肺炎蔓延至整个肺脏。致使肺脏与胸膜发生纤维素性粘连（图1-12）。常伴发心包炎，肝、脾肿大，色变暗（图1-12至图1-16）。

图 1-11　心脏表面纤维素包裹　（王中杰等）

图 1-12　胸黏膜及肺黏膜粘连　（吴文学等）

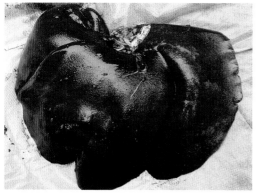

图 1-13　肝肿大、被膜紧张、有灶状坏死
（吴文学等）

图 1-14　肾脏稍肿大、有出血点
（吴文学等）

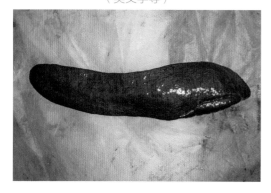

图 1-15　脾脏呈暗黑色　（吴文学等）

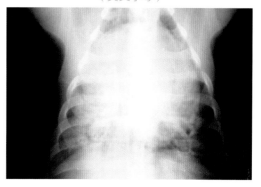

图 1-16　肺部正位和侧位X光呈现大面积
絮状阴影　（吴文学等）

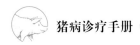

五、防治措施

（1）加强饲养管理。防止应激，做好猪舍及环境的定期消毒；减少合群、转圈次数；同时防止气温剧变、闷热、潮湿、寒冷、通风不良、密集、饲养管理不善等外界因素诱发本病。坚持自繁自养，避免引种带来呼吸系统疾病，如果确有必要，应从血清学阴性的猪场引种，需隔离观察1个月以上，再检查抗体是否仍为阴性，同时无其他疾病时才可转入健康猪群。

（2）疫苗免疫。以前未用疫苗接种过的种猪群，每半年接种1次，怀孕母猪在产前1个月加强免疫1次，种公猪注射2次/年；4～5周龄的健康哺乳仔猪首免，间隔7～10天加强免疫1次。

（3）药物防治。根据药敏试验，选择药物治疗，也可用氟苯尼考、强力霉素、丁胺卡那霉素、羧苄青霉素等药物。选用敏感药物进行口服和注射治疗具有明显临床症状的发病猪，效果良好。在未发病猪群的饲料或饮水中添加敏感药物用以预防，以控制此病的发作。本菌对某些药物可能会产生抗药性，因此，在本病的防治过程中应有计划地定期轮换使用，防止抗药菌株产生。

第四节　猪喘气病（猪肺炎支原体病）

一、概述

本病是由猪肺炎支原体引起的一种慢性、接触性呼吸道传染病。主要症状为咳嗽、气喘和生长缓慢。

二、流行病学

不同品系、年龄、性别的猪对本病都有易感性，但哺乳和断乳仔猪易感性最高，其次是怀孕后期和哺乳期的母猪。本病在寒冷的冬天和冷热多变的季节发病较多。不良的饲养管理和卫生条件会降低猪只的抵抗能力，容易诱发本病。传染途径主要通过呼吸道，猪场内猪群通过鼻液及直接接触可以相互传播，在仔猪哺乳前期极易由母猪传染给仔猪。

三、临床症状

病猪体温变化不大，咳嗽次数逐渐增多，随着病的发展而发生呼吸困难，表现为明显的腹式呼吸，急促而有力，严重的张口喘气，像拉风箱似的，有喘鸣音，耳朵发紫（图 1-17），此时精神委顿，食欲减少或废绝，身体日渐消瘦，皮毛粗乱，生长发育不良，持续 2～3 个月以上。常由于抵抗力降低而并发猪肺炎，这是促使喘气病猪死亡的主要原因。小母猪、怀孕和喂乳母猪，则容易发生急性型喘气病，病状与上述相似。

图 1-17　病猪耳朵发紫　（王中杰）

四、病理变化

主要在肺，有不同程度的水肿和气肿，两肺的尖叶、心叶、中间叶下垂部和膈叶前部下缘出现淡红色或浅紫色呈"虾肉样"对称性实变，突变区与正常肺组织界限很清楚（图 1-18）。肺门和纵膈淋巴结明显肿大、质硬、灰白色切面。其他内脏一般

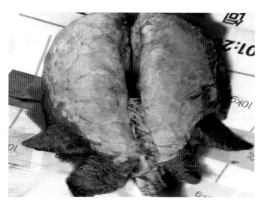

图 1-18　肺脏对称性"虾肉样"实变
（邹杰等）

无明显变化。在诊断本病时应注意继发其他猪病，如猪流感、猪肺疫等病引起的混合感染。

五、防治措施

（1）坚持预防为主，采取综合性防制措施。坚持自繁自养的原则，不从外边引进猪只，必须引进种猪时，应远离生产区隔离饲养三个月，并经检疫证明无疫病，方可混群饲养。

（2）疫苗免疫。给种猪和新生仔猪接种猪喘气病弱毒疫苗或灭活疫苗，以提高猪群免疫力。

（3）加强饲养管理。保持猪群营养水平，加强消毒，保持栏舍清洁、干燥通风，

减少各种应激因素，实行全进全出制度，对控制本病有着重要的作用。

（4）药物预防。林可 - 壮观霉素、长效土霉素、泰乐菌素、泰妙菌素、替米考星等药物可以起到预防作用。

（5）药物治疗。每 1 000 千克饲料加支原净125 克和金霉素 300 克；或加泰乐菌素 150 ~ 300 克和强力霉素 150 ~ 300 克；或加替米考星 100 克和强力霉素 150 ~ 300 克；或加氧氟沙星 100 ~ 200 克等。并发症严重时，配合使用氟苯尼考、阿莫西林等广谱抗生素。

第五节　猪传染性萎缩性鼻炎

一、概述

猪传染性萎缩性鼻炎是由支气管败血波氏杆菌或产毒素多杀性巴氏杆菌引起猪的一种慢性呼吸道传染病。临诊症状表现为打喷嚏、流鼻血、颜面变形、鼻部歪斜和生长迟滞，以鼻甲骨萎缩为剖检特征。该病导致猪的饲料转化率降低，给集约化养猪业造成巨大的经济损失。

二、流行病学

本病任何季节，任何年龄的猪均可感染，最常见于 2 ~ 5 月龄的猪。病猪和带菌猪是主要传染源。病菌存于上呼吸道，主要通过飞沫传播，经呼吸道感染。多数是由有病的母猪或带菌猪传染给仔猪的。本病在猪群中传播速度较慢，多为散发或呈地方流行性。

三、临床症状

病猪打喷嚏、流鼻液、咳嗽、气喘。从鼻腔流出浆液性或黏液性分泌物及血液，常为单侧鼻孔流血，猪只常用前肢搔抓鼻部，或鼻端拱地，或在猪圈墙壁、食槽边缘摩擦鼻部，留下血迹；病猪的眼结膜常发炎，从眼角不断流泪。由于泪水与尘土沾积，常在眼眶下部的皮肤上，出现一个半月形的泪痕湿润区，呈褐色或黑色斑痕，故有"黑斑眼"之称，这是具有特征性的症状。大多数病猪，进一步发展引起鼻甲骨萎缩。当鼻腔两侧的损害大致相等时，可见到病猪的鼻缩短，向上翘起。当一侧鼻腔病变较严重时，可造成鼻子歪向一侧。

四、病理变化

特征的病变是鼻腔的软骨和鼻甲骨的软化和萎缩，最常见的是下鼻甲骨的卷曲受损害，鼻甲骨上下卷曲及鼻中隔失去原有的形状，弯曲或萎缩。鼻甲骨严重萎缩时，使腔隙增大，上下鼻道的界限消失，鼻甲骨结构完全消失，常形成空洞。

五、防治措施

（1）加强防疫。阴性场要防止病猪进场，确实需要引进种猪时，需远离生产区隔离 3 个月以上，不出现鼻炎症状，经检疫证明无疫病的方可混群。

（2）加强饲养管理。根据猪群不同时期的营养需要，提供合理、均衡的营养水平，根据季节气候的变化，保持环境的清洁、干燥。用磺胺二甲基嘧啶或泰妙菌素有良好的预防效果。

（3）免疫接种。用猪萎缩性鼻炎、巴氏杆菌灭活苗肌内注射，免疫效果较好。

（4）药物治疗。早期治疗是关键，当鼻甲骨萎缩后，治疗效果不佳。

第六节 副猪嗜血杆菌病

一、概述

副猪嗜血杆菌病是由副猪嗜血杆菌引起的猪的多发性浆膜炎和关节炎的传染病，以肺脏、心脏、腹腔的浆膜纤维素性炎症为主要特征。

二、流行病学

本病只感染猪，具有明显的季节性，主要发生在气候剧变的寒冷季节，圈舍空气污浊，仔猪，尤其是断奶后 10 天左右的仔猪最敏感多发。病猪和带菌猪是主要的传染源，呼吸道是主要的感染途径，也可经消化道感染；常与其他疾病混合感染，加速疾病的发生。

三、临床症状

病猪精神沉郁，采食量减少，体温升高，呼吸困难，呈腹式呼吸，而且呼吸加快，可视黏膜发绀，鼻孔周围粘有脓性鼻液，吃料和喝水时咳嗽频繁，咳出气管内的分泌

图 1-19　病猪起行困难　（高涛等）

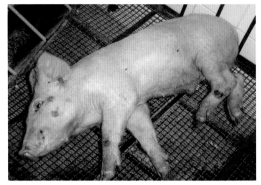

图 1-20　病猪抽搐而死　（高涛等）

物又吞入胃内，四肢多个关节出现炎症，关节肿胀、疼痛、驱赶时患猪发出尖叫声，起行困难（图 1-19），一侧性跛行。侧卧或震颤（图 1-20）、共济失调、逐渐消瘦、被毛粗糙。

四、病理变化

腹膜、胸膜、心包膜以及关节的浆膜有淡黄色的浆液性或化脓性的纤维素性渗出物（图 1-21），同时，肺、脾、肝、肠等脏器也有，并且有的呈条索状。全身淋巴结肿胀，切面为灰白色。

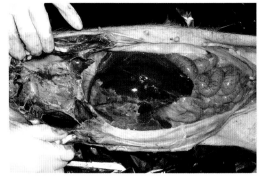

图 1-21　胸腹腔纤维素粘连　（王中杰）

五、防治措施

本病应以加强饲养管理为主，做好圈舍的防寒保暖、通风换气、清洗消毒工作，保持其清洁卫生，供给猪全价优质的饲料，提高机体的抵抗力。一旦发病，可采用泰乐菌素或氟苯尼考进行治疗。

第七节　猪肺疫（猪巴氏杆菌病）

一、概述

本病是由多杀性巴氏杆菌引起的一种急性传染病，俗称"锁喉疯"或"肿脖子瘟"。本病的特征是最急型呈败血症变化，咽喉部急性肿胀，高度呼吸困难。急性型呈纤维素性胸膜肺炎症状，慢性型呈逐渐消瘦，有时伴发关节炎。

二、流行病学

多杀性巴氏杆菌能感染多种动物，以猪、牛、兔等最易感，各种年龄的猪都可感染发病，其中以小猪和中猪的发病率高。本菌是一种条件性病原菌，当猪处在不良的外界环境中，致使猪的抵抗力下降，这时病原菌大量增殖并引起发病。另外，病猪经分泌物、排泄物等排菌后可通过消化道而传染给健康猪。也可通过飞沫经呼吸道传染。本病一般无明显的季节性。

三、临床症状

根据病程长短和临床表现分为最急性、急性和慢性型。常见的临床症状为体温升高，食欲废绝，呼吸困难，常呈犬坐姿势，可视黏膜发绀，皮肤出现紫红斑（图1-22）。咽喉部和颈部发热、红肿、坚硬，严重者延至耳根、胸前。一旦出现严重的呼吸困难，病情往往迅速恶化，病程2～8天，不死则转为慢性，主要表现为肺炎和慢性胃肠炎。

图1-22　病猪呼吸困难，全身皮肤发紫
（王中杰）

四、病理变化

全身黏膜、实质器官、淋巴结的出血性病变，肺急性水肿（图1-23），气管内泡沫性液体（图1-24）。脾有出血但不肿大。皮肤有出血斑。胃肠黏膜出血性炎症。特征性的病变是纤维素性肺炎（图1-25），肺有不同程度肝变区，并伴有气肿和水肿。

胸膜与肺粘连，胸腔及心包积液。肺切面呈大理石纹。病程长的肺肝变区内常有坏死灶（图1-26）。

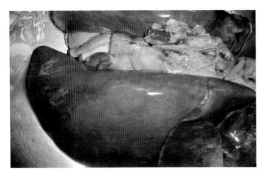

图 1-23 肺脏体积增大，高度淤血 （王中杰）

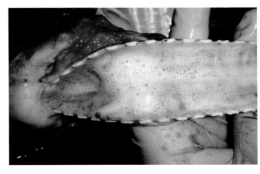

图 1-24 病猪气管内泡沫状液体 （王中杰）

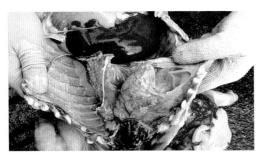

图 1-25 肺胸膜及心包纤维素渗出 （王中杰）

图 1-26 肺脏实变 （王中杰）

五、防治措施

（1）预防免疫。每年春秋两季定期用猪肺疫氢氧化铝甲醛菌苗或猪肺疫口服弱毒菌苗进行两次免疫接种。也可选用猪丹毒、猪肺疫氢氧化铝二联苗，猪瘟、猪丹毒、猪肺疫弱毒三联苗。接种疫苗前几天和后7天内，禁用抗菌药物。

（2）加强饲养管理。消除可能降低抗病能力因素和致病诱因，如圈舍拥挤、通风采光差、潮湿、受寒等。圈舍、环境定期消毒。在条件允许的情况下，提倡早期断奶。采用全进全出的生产程序；减少从外面引猪；减小猪群的密度等措施可能对控制本病会有所帮助。新引进猪隔离观察一个月后，健康的方可合群。对常发病猪场，要在饲料中添加抗菌药进行预防。

（3）药物治疗。青霉素、链霉素和四环素类抗生素对猪肺疫都有一定疗效。抗生素与磺胺药合用，如四环素＋磺胺二甲嘧啶，泰乐菌素＋磺胺二甲嘧啶则疗效更佳。本菌极易产生抗药性，因此有条件的应做药敏试验，选择敏感药物交替用药治疗。

第八节 猪肺丝虫病

一、概述

猪肺丝虫病又称猪肺线虫病，虫体白色丝状故称肺丝虫病（图1-27），是由后圆线虫寄生于猪的支气管和细支气管引起的一种呼吸系统寄生虫病。该病对猪危害大，是猪的重要疾病之一。

二、流行病学

后圆线虫的发育是间接的，需以蚯蚓作为中间宿主。故本病多在夏秋季节发生。

图1-27　肺丝虫形态　（高涛等）

猪在野外采食或拱土时吞食了带有感染性幼虫的蚯蚓或由蚯蚓体内释出的感染性幼虫遭受感染。感染性幼虫在小肠内被释放出来，钻入肠淋巴结中，随血流进入肺脏，再到支气管和气管发育为成虫。舍内养的猪很少发生。

三、临床症状

轻度感染症状不明显，但影响生长发育。寄生较多时，由于虫体大量吸血，使猪毛枯消瘦、贫血、胸下、四肢和眼睑浮肿。由于虫体刺激，猪出现阵发性咳嗽，特别是在早晚或突然驱赶运动与天气突然变冷时咳嗽剧烈，发育不良，常成僵猪。此外，肺线虫幼虫移行时还可带入流感、猪瘟等病毒，从而引起严重的并发症。

四、病理变化

剖检时，肉眼病变常不显著。在肺膈叶后缘有肺气肿区，靠近气肿区有坚实的灰白色隆起灶，切开后可在支气管中发现大量的白色线状虫体（图1-28）。同时支气管增厚，扩张。虫移行对肠壁及淋巴结的损害是轻微的，主要损害肺，呈支气

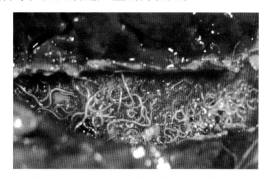

图1-28　气管内见大量虫体　（高涛等）

管肺炎的病理变化。肺线虫感染还可为其他细菌或病毒侵入创造有利条件，从而加重病情。

五、防治措施

（1）改善饲养管理。在本病流行地区，放牧饲养最好改为舍饲，防止猪吃到蚯蚓。用3%的煤酚皂溶液和石碳酸液喷洒于猪舍附近，以消灭猪舍附近的蚯蚓。粪便应堆积发酵或消毒后方可作为农用。

（2）预防驱虫。在猪肺丝虫流行区进行定期预防性驱虫，小猪在生后2~3个月时应驱虫一次，以后每隔2个月驱虫一次，以消灭病原，杜绝虫卵传播。

（3）药物防治。对发病猪只可选用左旋咪唑（8毫克/千克）或丙硫苯咪唑（10~15毫克/千克）进行治疗。对肺炎严重的，应在驱虫的同时，连用青霉素、链霉素3日，有助于改善猪肺部状况和促进猪恢复健康。此外，用阿维菌素或伊维菌素也有一定效果。

第九节　猪附红细胞体病

一、概述

猪附红细胞体病是由于猪附红细胞体寄生于红细胞和血浆中而引起的一种传染性疾病。以急性黄疸性贫血、呼吸道疼痛、衰弱、发热和全身发红（故称"红皮病"）为特征（图1-29）。

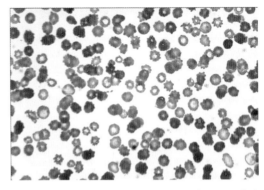

图1-29　附红细胞体感染的红细胞　（王中杰等）

二、流行病学

不同年龄和品种的猪均有易感性，仔猪的发病率和病死率较高。一年四季均可发生，但多发生于夏季，主要由吸血昆虫、污染的针头和器械通过血液传播，也可经胎盘传染给仔猪。本病多呈亚临床表现，应激因素如饲养管理不良，气候恶劣或继发其他疾病等，可使感染猪表现明显临床症状。该病常呈地方性流行。

三、临床症状

猪附红细胞体病的典型临床症状表现为消瘦、贫血、黄疸，急性病例体温升高，突然发病死亡，死后口鼻流血，全身发紫，指压褪色。病程长的表现为精神沉郁，食欲减退，全身肌肉颤抖，转圈或不愿站立，离群卧地，出现便秘；耳、四肢先开始发红，后逐渐弥漫全身，指压不褪色（图1-30）。慢性病例粪便干结呈棕红色或带黏液性血液，呼吸困难、咳嗽、心跳加快；

图 1-30　病猪皮肤发红　（杨金宝等）

可视黏膜初期潮红，后期苍白，轻度黄疸；两眼或一眼流泪，有褐黄色泪斑；耳尖变干，边缘向上卷起，两耳发绀，严重者耳朵干枯坏死脱落；全身大部分皮肤呈现红紫色，四肢蹄冠部青紫色，指压不褪色；病程较长，个别长达 1 ~ 2 个月，最后衰竭死亡。

四、病理变化

主要病变为尸体消瘦，可视黏膜苍白、黄染，血液稀薄如水，皮下和肌间结缔组织呈胶冻样浸润，散发点状出血。全身肌肉色泽变淡，脂肪黄染（图1-31）。肺淤血出血、水肿；心肌像煮熟的肉样，心内外膜出血，心包液增加。肝肿大，呈淡黄褐色，胆囊肿大，充满黏稠胆汁。脾肿大、柔软。肾肿大，皮质散发点状出血。膀胱

图 1-31　腹下脂肪黄染　（杨金宝等）

黏膜出血。全身淋巴结呈不同程度肿大，偶见出血。

五、防治措施

（1）控制寄生虫的感染和保持良好的卫生状况对于该病的预防很重要。同时也应注意注射针头和外科手术器械的传播病原。

（2）初生不久的贫血仔猪 1 ~ 2 日龄注射铁制剂200毫克和土霉素25毫克，至 2 周龄在注射同剂量铁制剂 1 次。同时应消除一切应激因素，驱除体内外寄生虫，以提高疗效，控制本病的发生。

（3）对病猪可用贝尼尔（5~7毫克/千克）、咪唑苯脲（1.5~2毫克/千克）、黄色素及四环素（3毫克/千克）类抗生素进行治疗，效果较好，青霉素、链霉素和庆大霉素无效。在治疗病猪的同时对猪群用1000毫克/千克的土霉素或200毫克/千克的金霉素拌于饲料中，疗程为2周，2周后改用250毫克/千克阿散酸拌于饲料中，用药2周。

>> 第二章
常见猪消化系统疾病

第一节　猪瘟

一、概述

猪瘟是一种由猪瘟病毒引起的急性或慢性、热性、接触传染性疾病，又称"烂肠瘟"。临床主要特征为高热稽留，全身多组织器官点状出血，肠纽扣状溃疡，脾脏边缘梗死和肾脏密集点状出血等。

二、流行病学

本病仅发生于猪，不同品种、年龄和性别的猪均可感染。病猪和带毒猪通过尿、粪便和各种分泌物排出病毒，散布于外界环境中。感染途径主要是消化道，也可通过呼吸道、眼结膜、生殖道黏膜或皮肤伤口传播。一年四季均可发生。

三、临床症状

病猪体温稽留不退，食欲减退或完全停食；伏卧嗜睡，肌肉震颤，眼结膜发炎，有多量黏液、脓性分泌物。在病猪鼻端、耳后、腹部、四肢内侧等皮薄毛稀处可见大小不等的紫红色斑点，指压不褪色。公猪包皮内有尿液，用手挤压流出混浊灰白色恶臭液体。温和型猪瘟主要侵害小猪，病猪症状轻微，病情发展缓和，对幼仔可以致死。繁殖障碍型猪瘟能导致流产、木乃伊胎、畸胎、死胎、产出有颤抖症状的弱仔或外表健康的感染仔。子宫内感染的仔猪，皮肤常见出血，且初生仔猪的死亡率很高。

四、病理变化

病猪的肉眼变化以各种组织器官广泛性出血最显著（图2-1）。特征性的病变为全身淋巴结尤其是耳下、颈部、肠系膜和腹股沟淋巴结肿大充血呈暗红色（图2-2），切面呈大理石样外观，周边出血。肾脏有针尖状出血点（图2-3），全身各系统出现程度不一的点状或斑点状散在出血变化（图2-4，图2-5）。脾脏边缘出现梗死。慢性病例病变以坏死性肠炎为主，在回盲瓣附近有许多的轮层状溃疡（称纽扣状溃疡，图2-6）。慢性温和性的猪瘟，有时不见扣状肿胀或溃疡，而突出的变化是胸腺萎缩。

图 2-1　病猪四肢、腹下紫红色出血斑点
（邹杰等）

图 2-2　腹股沟淋巴结肿大、出血
（邹杰等）

图 2-3　肾脏针尖状出血点
（邹杰等）

图 2-4　心外膜出血　（邹杰等）

图 2-5　会咽软骨出血　（邹杰等）

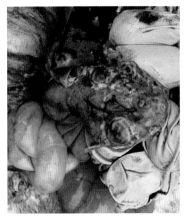

图 2-6　大肠黏膜纽扣状溃疡
（邹杰等）

五、防治措施

（1）目前，急性猪瘟在临床上很难遇见，不典型的或慢性猪瘟常时有发生。本病是一种病毒病，尚无有效治疗药物，主要采取疫苗接种为主的综合性预防措施。平时注意提高猪群的免疫水平，防止引入病猪，切断传播途径。

（2）平时注意消毒，经常保持环境清洁卫生，减少疾病的发生。

（3）坚持自繁自养。如必需时，在引进新猪时，应做到购买猪后先隔离饲养，观察 2~3 周，确认健康后，再混群饲养。

（4）如出现猪瘟病例则立即采取扑灭方法，销毁感染群的全部猪只，彻底消毒被污染的场所。在已发生猪瘟的猪群或地区，对假定未感染猪群进行疫苗紧急接种，可使大部分猪获得保护。有报道，对已出现临床症状的猪，用猪瘟兔化弱毒疫苗 8 倍以上剂量进行紧急接种，常可获得康复。在猪瘟流行期间，对饲养用具应每隔 2~3 天消毒一次，碱性消毒药均有良好的消毒效果。

第二节　猪传染性胃肠炎

一、概述

猪传染性胃肠炎是一种急性、高度接触性肠道传染病。临床表现以发热、呕吐、水样下痢、脱水为特征。10 日龄以内的哺乳仔猪发病率和死亡率都高，日龄增大死亡减少。育肥猪和成年猪几乎无发病的。

二、流行病学

病猪和带毒猪是本病的主要传染来源。排出体外的病毒污染体表、饲料和饮水等，经消化道和呼吸道进入健康猪体内而感染。本病的流行特点是传播较快，在一个猪舍中，如有一头发病，则不论大小均可感染发病。老疫区发病率和病死率低。本病主要是发生于冬春寒冷季节。

三、临床症状

仔猪的典型临床表现是突然发生呕吐，接着出现急剧的水样腹泻（图 2-7），粪水呈黄色，淡绿色或白色，恶臭，常夹有未消化的凝乳块。病猪迅速脱水，体重下降，精神萎靡，被毛粗乱无光。吃奶减少或停止吃奶、战栗、口渴、消瘦，于 2～3 天内死亡。病愈仔猪生长发育受阻，甚至成为僵猪。架子猪、肥育猪及成年公、母猪主要是食欲减退或消失，水样腹泻，粪水呈黄绿色，淡灰色或褐色，混有气泡。哺乳母猪泌乳减少或停止，3～7 天病情好转随即恢复，极少发生死亡。

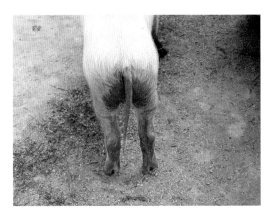

图 2-7　病猪腹泻　（王中杰）

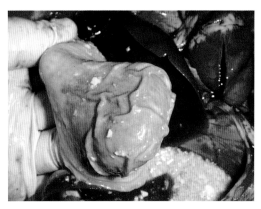

图 2-8　胃壁黏膜充血出血　（王中杰）

四、病理变化

尸体脱水明显。主要病变在胃和小肠，胃内充满凝乳块，胃底黏膜充血，有时有出血点（图 2-8）。小肠弥漫性出血，肠壁变薄而缺乏弹性，肠内充满黄绿色或灰白色液体，混有气泡和凝乳块。小肠肠系膜淋巴结肿胀（图 2-9）。

五、防治措施

（1）预防本病，平时要注意不从疫区或病猪场引进猪只，以免传入本病，并

图 2-9　肠道膨胀　（王中杰）

在秋季对母猪群进行传染性胃肠炎、流行性腹泻二联疫苗注射。

（2）当猪群中发生本病时，要立即隔离，严格消毒，防止疫情蔓延。

（3）治疗本病，目前尚无特效药物可用。停食或减食，多给清洁饮水或易消化饲料，小剂量进行补液、静脉输液或口服补液盐等措施，有一定良好作用。由于此病发

病率很高，传播快，一旦发病，采取隔离、消毒等措施有一定作用，但效果不十分明显。加之康复猪可产生一定免疫力，猪只发病流行一定时间后即可停止。

第三节 猪流行性腹泻

一、概述

猪流行性腹泻是猪的一种急性肠道传染病。临床上以排水样便、呕吐、脱水为特征。本病在临床症状上与猪传染性胃肠炎很相似，但哺乳仔猪死亡率较低，在猪群中的传播速度相对较慢。

二、流行病学

不同年龄，不同品种和性别的猪都能被感染发病，哺乳猪和架子猪以及肥育猪的发病率通常为100%，母猪为15%～90%。病猪和病愈猪的粪便内含有大量病毒，主要经消化道传染。多发生于冬季，特别是12月至翌年的2月发生最多。传播迅速，数日之内可涉及全群。一般流行过程延续4～5周，可自然平息。

三、临床症状

病猪开始体温稍升高或仍正常，精神沉郁，食欲减退，继而排水样便（图2-10），呈灰黄色或灰色，脱水，与传染性胃肠炎相似，但发病率和死亡率更为迅猛。呕吐常发生在吃食或吮乳后的部分仔猪（图2-11）。日龄越小的猪，症状越重，1周龄以内的

图2-10 病猪水样腹泻 （邹杰等）　　　图2-11 病猪采食时呕吐 （邹杰等）

仔猪常于腹泻 2~4 天后，因脱水而死亡，病死率可达 50% 以上。出生后立即感染本病时，病死率更高，几乎 100%。断奶猪、肥育猪及母猪持续腹泻 4~7 天，逐渐恢复正常。成年猪仅发生呕吐和偶有厌食现象。

四、病理变化

与猪传染性胃肠炎相似，病变主要在小肠。肠管膨满、扩张，含有大量黄色液体和气体，肠壁变薄，个别小肠黏膜有出血点，肠系膜淋巴结水肿。

五、防治措施

（1）本病的预防主要依靠加强饲养管理，认真执行一般的兽医防疫措施，增强母猪和仔猪的抵抗力。

（2）在流行地区可用流行性腹泻弱毒疫苗或灭活疫苗对母猪群进行预防注射。

（3）抗生素治疗无效，其一般的治疗方法，可参照猪传染性胃肠炎。

第四节 猪轮状病毒病

一、概述

本病是由猪轮状病毒引起的多种新生动物的急性肠道传染病，其主要症状为厌食、呕吐、下痢，中猪和大猪为隐性感染，没有临床症状。

二、流行病学

本病在多数猪场都存在，大多数成年猪都已感染而获得免疫。因此，发病多是 8 周龄以下的仔猪，日龄越小的仔猪，发病率越高，发病率一般为 50%~80%，病死率一般为 10% 以内。该病毒主要存在于病猪及带毒猪的消化道中，随粪便排到外界环境后，经消化道使易感猪感染。排毒时间可持续数天，加之病毒对外界环境有顽强的抵抗力，使该病毒在成猪、中猪、仔猪之间反复循环感染，长期扎根猪场。另外，人和其他动物也可散播传染。本病多发生于晚秋、冬季和早春。

三、临床症状

病猪初期精神沉郁，食欲不振，不愿走动，有些仔猪吃奶后发生呕吐，继而腹泻，粪便呈黄色、灰色或黑色，为水样或糊状。症状的轻重决定于发病的日龄、免疫状态和环境条件，缺乏母源抗体保护的生后几天的仔猪症状最重，环境温度下降或继发大肠杆菌病时，常使症状加重，病死率增高。通常 10～21 日龄仔猪的症状较轻，腹泻数日可康复，3～8 周龄仔猪症状更轻，成年为隐性感染。

四、病理变化

无特征性病变，主要在消化道，胃壁弛缓，充满凝乳块和乳汁，小肠肠管变薄，半透明，内容物为液状，呈灰黄色或灰黑色。有时小肠广泛出血，肠系膜淋巴结肿大。

五、防治措施

（1）该病主要依靠加强饲养管理，认真执行一般的兽医防疫措施，增强母猪和仔猪的抵抗力。

（2）在流行地区，可用猪轮状病毒油佐剂灭活苗或猪轮状病毒弱毒双价苗对母猪或仔猪进行预防注射。油佐剂苗于怀孕母猪临产前 30 天，肌内注射 2 毫升；仔猪于 7 日龄猪和 21 日龄猪各注射 1 次，注射部位在后海穴（尾根和肛门之间凹窝处）皮下，每次每头猪 0.5 毫升。

（3）要使新生仔猪早吃初乳，接受母源抗体的保护，以减少发病和减弱病症。

（4）目前无特效的治疗药物。发现病猪立即停止喂乳，以葡萄糖盐水或复方葡萄糖溶液，让其自由饮水用。同时，进行对症治疗，一般都可获得良好效果。

第五节　仔猪大肠杆菌病

一、概述

仔猪大肠杆菌病是由病原性大肠杆菌引起的仔猪一种肠道传染性疾病。常见的有仔猪黄痢（1～7 日龄）、仔猪白痢（2～3 周龄）和仔猪水肿病（1～2 月龄）三种，以发生肠炎、肠毒血症为特征。

二、流行病学

（1）仔猪黄痢。仔猪出生后 5 日内易感染发病。春秋季发病较多。本病传染源是带菌母猪，致病菌随母猪粪便排出体外，污染地面、垫草、母猪乳头和皮肤，新生仔猪因舔食地面经消化道感染。可由 1 头发病仔猪蔓延到全窝甚至全场仔猪。如不采取有效防治措施，不仅引起仔猪死亡，而且使本病在猪场经久不息。仔猪超过 7 日龄，很少发病。

（2）仔猪白痢。大肠杆菌常存在于猪肠道内。仔猪饲养管理不良、猪舍阴冷潮湿、气温骤变、补料过晚，都会引起仔猪抵抗力下降，导致本病。一窝猪中有 1 头发病，很快引起全窝或全舍仔猪传播。

（3）仔猪水肿病。发病多见是营养良好和体格健壮的断奶前后的仔猪，常突然发生，病程短，迅速死亡。发病往往与各种应激因素有关系。另外，本病一般局限于个别猪群中，并不广泛传播。

三、临床症状

（1）仔猪黄痢。仔猪出生后数小时就感染发病。常突然下痢，排黄白色、黄色带气泡腥臭粪便，腹泻次数日渐增多，稀便污染尾、会阴、后肢等处。病情严重时，肛门松弛，排便失禁，停止哺乳，有的病猪呕吐出凝乳块。精神沉郁，脱水，眼窝下陷，消瘦，昏迷死亡。严重时病死率可达 100%。

（2）仔猪白痢。主要症状是下痢，粪便呈灰白色或乳白色色，似糨糊状，常混有黏液和气泡，腥臭，性黏腻。腹泻次数不等，病程 2 ~ 3 天，长的一周左右，能自行康复，死亡的很少。如并发肺炎或仔猪贫血症，经 5 ~ 6 天死亡。病死率的高低取决于饲养条件的好坏和治疗情况。其他症状与仔猪黄痢相似。

（3）仔猪水肿病。最早通常突然发现 1 ~ 2 头体壮的小猪死亡，未见到症状。多数病猪先后在眼睑、结膜、齿龈、脸部、颈部和腹部皮下出现水肿，此为本病特征症状。有的病猪突然发病，做圆圈运动或盲目运动，共济失调。有时侧卧，四肢游泳状抽搐，触之敏感，发出呻吟声或嘶哑的叫声。站立时拱背发抖，有的前肢或后肢麻痹，不能站立。

四、病理变化

（1）仔猪黄痢。主要病变是肠壁变薄、松弛、充气，尤以十二指肠最为严重。肠黏膜肿胀、充血或出血；肠系膜淋巴结肿大，色淡或呈黄色，质地柔软而脆弱，有的表面有弥漫性小点出血，切面多汁；重者心、肝、肾有出血点。

（2）仔猪白痢。死亡仔猪脱水，消瘦、皮肤苍白。胃黏膜充血潮红、水肿，肠内

容物灰白色，酸臭或混有气泡。肠壁变薄半透明，肠黏膜充血、出血易剥脱，肠系膜淋巴结肿胀（图2-12），常有继发性肺炎病变。

（3）仔猪水肿病。主要是水肿，可见眼睑、颜面、下颌部、头顶部皮下呈灰白色凉粉样水肿；胃壁胶冻样水肿（图2-13）；肠黏膜水肿，结肠肠系膜淋巴结水肿（图2-14）。

图 2-12　肠壁变薄、鼓气　（杨金宝）

五、防治措施

（1）加强饲养管理。改善母猪饲料质量；做好产前、产后各项消毒、保温工作。在仔猪吃奶前，用0.1%高锰酸钾消毒，先挤掉几滴再放入仔猪哺乳。仔猪要尽早吃到初乳；早期补料，过好断奶关。仔猪断奶后做好饲料过渡，由哺乳期所用饲料到断奶仔猪饲料要有10天左右的过渡期。

（2）疫苗接种。母猪在产前40天和15天各注射1次仔猪大肠埃希氏菌病多价灭活疫苗。仔猪14～18日龄时注射仔猪水肿病疫苗，对保证初乳中有较高水平的母源抗体有一定效果。

（3）药物治疗。治疗仔猪黄白痢，一般常用抗生素，由于大肠杆菌易产生耐药性，需要交替用药。常将磺胺类药物与及其他抗生素配伍使用，近年来，有些猪场使用微生态制剂，效果较好。为了保证治疗效果，有条件的猪场应每隔一段时间药敏试验，选择高敏药物防治，可获良好效果。

图 2-13　病猪胃壁水肿　（杨金宝）

图 2-14　结肠肠间膜水肿　（杨金宝）

第六节　猪副伤寒

一、概述

猪副伤寒（又称猪沙门氏菌病）是由沙门氏菌引起的仔猪的一种传染病。急性者以败血症，慢性者以坏死性肠炎，有时以肺炎为特征。该病在饲养环境、卫生条件差的猪场经常发生。

二、流行病学

带菌猪是主要的传染源，可由粪便、尿、乳汁以及流产的胎儿、胎衣和羊水排出病菌。该病多侵害6月龄以下的仔猪，其中1~4个月龄的仔猪最为易感。本病一年四季均可发生，多雨潮湿季节发病较多。本病主要通过消化道和交配等途径传播。平时健康猪群带菌现象非常普遍，病菌可潜藏于消化道、淋巴组织和胆囊内，当外界不良因素使动物抵抗力降低时，可发病。

三、临床症状

本病潜伏期与猪体抵抗力及细菌的数量、毒力有关。急性败血型，多发生于断乳前后的仔猪，常突然死亡。病程稍长者，表现体温升高，腹痛，下痢，呼吸困难，耳根、胸前和腹下皮肤有紫斑，多以死亡告终。病程1~4天。常见病型为亚急性和慢性型，表现体温升高，眼结膜发炎，有黏性或脓性分泌物。病初便秘后腹泻，排灰白色或黄绿色恶臭粪便。病猪消瘦，皮肤有痂状湿疹。病程持续可达数周，终至死亡或成为僵猪。

四、病理变化

急性型以败血症变化为特征：全身浆膜、（喉头、膀胱等）黏膜有出血斑；脾肿大；全身其他淋巴结也不同程度肿大，切面呈大理石样；肝、肾肿大、充血和出血等。亚急性型和慢性型以坏死性肠炎为特征，多见盲肠、结肠，有时波及回肠后段。肠黏膜上覆有一层灰黄色腐乳状物（图2-15），肝可见灰黄色坏死灶（图2-16），强行剥离则露出红色、边缘不整的溃疡面。如滤泡周围黏膜坏死，常形成同心圆状溃疡面（图2-17）。肠系膜淋巴结索状肿，有的豆腐渣样坏死。脾稍肿大（图2-18）。有时肺发生慢性卡他性炎症，并有黄色豆腐渣样结节。

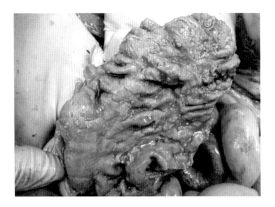

图 2-15　病猪大肠壁覆盖黄色假膜　（杨金宝）

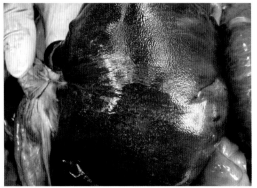

图 2-16　病猪肝脏白色坏死点　（杨金宝）

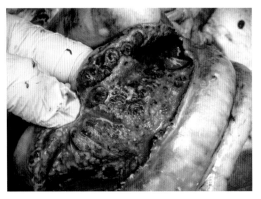

图 2-17　病猪肠黏膜同心圆状病变　（杨金宝）

图 2-18　病猪脾脏肿大　（杨金宝等）

五、防治措施

（1）药物治疗。可根据药敏试验，选用新霉素、土霉素、复方新诺明、庆大霉素等药物。

（2）免疫接种。现在多用猪副伤寒弱毒冻干菌苗口服或肌内注射。出生后 1 个月以上的哺乳健康仔猪均可使用。本菌苗注射免疫时，有些猪只可能出现较大的反应。

（3）加强饲养管理。根本措施是认真贯彻"预防为主"的方针。首先应该改善饲养管理和卫生条件，增强仔猪抵抗力，仔猪提前补料，防止乱吃脏物。断乳仔猪根据体质强弱大小，分槽饲喂。给以优质而易消化的多样化饲料，适当补充物质，防止突然更换饲料。

第七节　猪痢疾

一、概述

本病是由猪痢疾密螺旋体引起的猪的一种肠道传染病，以黏液性、出血性下痢为特征，有的发展为坏死性炎症。

二、流行病学

各种年龄的猪均可发生，但 7 ~ 12 周龄的猪发生较多。病猪或带菌猪能从粪便中排出大量菌体，经消化道感染，各种应激因素可诱发本病的发生。本病流行无季节性。流行经过比较缓慢，持续时间较长，且可反复发病。

三、临床症状

最急性病例往往突然死亡，随后出现病猪，病初食欲减退，粪便变软，表面附有条状黏液。以后迅速下痢，粪便黄色柔软或水样。重病例在 1 ~ 2 日间粪便充满血液和黏液。在出现下痢的同时，腹痛，体温稍高。随着病程的发展，病猪体重减轻，粪便恶臭且有血液、黏液和坏死上皮组织碎片增加，迅速消瘦，弓腰缩腹，极度衰弱，最后死亡。病程约 1 周。亚急性和慢性病例病情较轻，下痢，黏液及坏死组织碎片较多，血液较少，病期较长。进行性消瘦，生长迟滞。不少病例能自然康复。病程为一个月以上。

四、病理变化

急性死亡的营养状况良好，主要病变在大肠，结肠及盲肠黏膜肿胀，充血和出血，肠腔充满黏液和血液。病程长的猪消瘦，大肠黏膜表层点状坏死，或有黄色和灰色伪膜，呈麸皮样，剥去伪膜可露出的糜烂面，肠内混有多量黏液和坏死组织碎片。

五、防治措施

（1）药物治疗。对病原体作药敏试验，使用抗生素进行预防。有病猪舍实行全群给药，无病猪舍实行药物预防。临床药物主要是磺胺类药物，关键是避免传染。链霉素、杆菌肽、新霉素、土霉素、泰乐霉素均可使用。同时应注意对症治疗，补充体液、营养物质、矿物质。需要指出，该病治愈后易复发，须坚持疗程和改善饲养管理相结合，

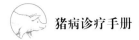

方能收到好的效果。用药时注意控制用量，防止中毒。

（2）本病尚无特效的疫苗，控制本病必须加强饲养管理，搞好卫生和消毒工作。坚持自繁自养的方式，必须引进猪只时，一定隔离检疫，确证无病才可入群。经常观察猪群，发现病猪马上淘汰，减少各种应激刺激。天气寒冷应做好防寒保暖工作，不要突然改变饲料，供给全价饲料等，可预防本病发生。

第八节　猪增生性肠炎

一、概述

猪增生性肠炎是由劳式胞内菌引起的一组具有不同特征病理变化的疾病，以血痢、脱水及生长缓慢为特征。该病猪场感染率为 20% ～ 40%。

二、流行病学

各年龄的猪均较易感染，以 6 ～ 20 周龄生长育肥猪最易感，其中以毛色为白色的猪易感性最强。病猪和带菌猪是本病的主要传染源，病菌随粪便排出体外，经消化道感染。鸟类、鼠类在该病的传播中也起着重要的作用。各种应激因素可成为本病的诱因。

三、临床症状

猪增生性肠炎临床上可分为以下 3 种类型。急性型少见，多发于 4 ～ 12 月龄的成年猪，主要表现为血色水样下痢。慢性型较为常见，多发于 6 ～ 12 周龄生长猪，主要表现为食欲不振或废绝，精神沉郁或昏睡；出现间歇性下痢，粪便变软、变稀而呈糊样或水样，颜色较深，有时混有血液或坏死的组织碎片；病猪消瘦、被毛粗乱、弓背弯腰，有的站立不稳，生长发育不良；如果没有继发感染，有些病例于 4 ～ 6 周可康复。亚临床型病猪体内虽然有病原体存在，却无明显的临床症状，也可能发生轻微的下痢，但并未引起注意，导致生长速度和饲料利用率明显下降。

四、病理变化

剖检病变主要见于回肠，也可能在结肠和盲肠出现。回肠末端肠壁增厚，黏膜隆起，肠管膨大，肠系膜淋巴结充血、肿胀。回盲瓣区域感染最为明显，肠黏膜增厚肿胀，像脑回样皱褶。有的肠管变粗，肠壁增厚、肠腔光滑，形同胶管，称为"软管肠"。有的还可见肠管发炎，黏膜表面覆盖有黄色、灰白色纤维性渗出物，严重的可见坏死性肠炎和出血性肠炎。

五、防治措施

（1）疫苗免疫是最有效的控制该病的方法。弱毒活疫苗给仔猪口服，能免受该菌感染。育肥猪场可使用抗生素饮水或拌料，在仔猪 8 ~ 11 周龄时进行预防性投药。常用有红霉素、泰乐菌素、林可霉素、盐酸万尼菌素、太妙菌素等。

（2）急性治疗时首先泰妙菌素或泰乐菌素。可通过饮水、拌料或肌内注射等途径连续治疗 14 天。

第九节 猪球虫病

一、概述

猪球虫病由球虫寄生于猪肠道上皮细胞内引起的寄生虫病，可导致仔猪下痢和增重降低。

二、流行病学

本病只发生于仔猪，尤其常发生于 7 ~ 21 日龄的仔猪，成年猪多为隐性感染。病猪和带虫猪是本病最主要的传染源，消化道是本病的主要传播途径。一般情况下本病死亡率不高，但在温暖潮湿季节，仔猪群过于拥挤和卫生条件恶劣，尤其是继发大肠杆菌或轮状病毒感染时，发病率与病死率增高。

三、临床症状

主要症状是腹泻，粪便呈水样或糊状，呈黄色至白色，腹泻持续 4 ~ 6 天，导致仔猪脱水、失重，在其他病原体的协同作用下，往往造成仔猪死亡。有的病例腹泻能自行耐过，逐渐恢复，其主要临床表现为消瘦及发育受阻。

四、病理变化

特征是空肠和回肠呈急性卡他性炎症，肠壁增厚，并有黏液性渗出物附着，有的可见整个黏膜呈严重的坏死，可见黄色纤维素性坏死假膜松弛地附着在充血的黏膜上。

五、防治措施

（1）防治本病的关键是，创造良好的卫生环境，阻止母猪排出卵囊和减少仔猪球虫感染强度。对猪舍应经常清扫，将猪粪和垫草运往贮粪地点进行堆肥发酵。可采用高压蒸汽或火焰喷灯进行消毒。可用含氨的消毒液喷洒，并保留数小时或过夜，而后用清水冲洗。

（2）母猪产前1周与产后2周内用氨丙啉或磺胺二甲嘧啶进行预防。治疗可用百球清，每千克体重20～30毫克一次口服。

第十节　猪蛔虫病

一、概述

猪蛔虫病是由猪蛔虫寄生于猪小肠引起的一种线虫病，集约化养猪场和散养猪均可广泛发生。我国猪群的感染率为17%～80%。感染本病的仔猪生长发育不良，增重下降。严重患病的成为"僵猪"。

二、流行病学

本病流行很广，在饲养管理较差的猪场，均有本病的发生；尤以3～5月龄的仔猪最易大量感染猪蛔虫，常严重影响仔猪的生长发育，甚至发生死亡。虫卵对各种外界环境的抵抗力强，能在外界环境中长期存活。

三、临床症状

患蛔虫病的猪常表现精神沉郁、食欲减退、异嗜、营养不良、贫血、黄疸；感染严重时表现体温升高、咳嗽、呼吸增快、呕吐和腹泻等症状；另外，蛔虫具有异位游走特性，在饥饿等应激条件下，蛔虫可进入胆管，引起呕吐、剧烈腹痛等症状，严重者可导致死亡。

四、病理变化

猪蛔虫幼虫和成虫阶段引起的症状和病变是各不相同的（图 2-19）。幼虫移行至肝脏时，引起肝组织出血、坏死，形成云雾状的白色蛔虫斑（图 2-20）。移行至肺时，引起蛔虫性肺炎。幼虫移行时还引起某些白细胞增多，出现荨麻疹和某些神经症状类的反应。成虫寄生在小肠时可引起腹痛。蛔虫数量多时常凝集成团，堵塞肠道，导致肠破裂（图 2-21）。有时蛔虫

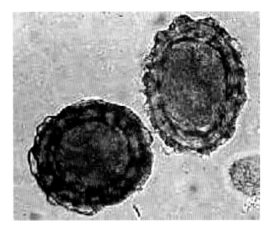

图 2-19　蛔虫卵囊　（高涛等）

可进入胆管，造成胆管堵塞，引起黄疸等症状。成虫能分泌毒素，引起一系列神经症状。成虫夺取宿主大量的营养，使仔猪发育不良，生长受阻，常是造成"僵猪"的一个重要原因，严重者可导致死亡。

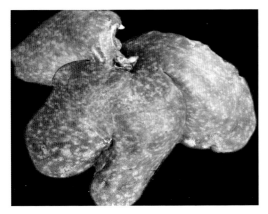

图 2-20　肝脏白色移行斑　（José María Nieto）

图 2-21　肠道中的蛔虫　（高涛等）

五、防治措施

（1）饲养管理。保持猪舍、饲料和饮水的清洁卫生。猪粪和垫草应在固定地点堆集发酵，利用发酵的温度杀灭虫卵。

（2）定期驱虫。在规模化猪场，首先要对全群猪驱虫；以后公猪每年驱虫 2 次；母猪产前 1～2 周驱虫 1 次；仔猪转入新圈时驱虫 1 次；新引进的猪需驱虫后再和其他猪并群。产房和猪舍在进猪前应彻底清洗和消毒。母猪转入产房前要用肥皂清洗全身。在散养的猪场，对断奶仔猪进行第一次驱虫，4～6 周后再驱一次虫。

（3）可使用甲苯咪唑、氟苯咪唑、左咪唑、丙硫咪唑、伊维菌素、多拉菌素和芬苯达唑等药物驱虫，均有很好的治疗效果。

第十一节　猪毛首线虫病（鞭虫病）

一、概述

猪毛首线虫病由猪毛首线虫寄生于大肠（主要是盲肠）引起的。虫体前部呈毛发状，故称毛首线虫，整个虫体外形又像鞭子，故又称鞭虫。

二、流行病学

本病一年四季均可感染，但夏季感染率最高。主要危害幼畜，严重感染时可引起死亡。

三、临床症状和病理变化

轻度感染不显症状，严重感染时，食欲减退，消瘦、贫血、腹泻；死前数日，排水样血色便，并有黏液。病变可见在盲肠内有许多鞭虫。猪盲肠呈慢性黏膜炎。

四、防治措施

治疗可用左旋咪唑、丙硫咪唑和羟嘧啶（特效药，每千克体重 2 毫克拌料或口服）等药物驱虫。预防可参照猪蛔虫病。

第一节　猪细小病毒病

一、概述

猪细小病毒病可引起猪的繁殖障碍，其特征为受感染的母猪，特别是初产母猪产出死胎、畸形胎和木乃伊胎，而母猪本身无明显症状。该病在我国较多的猪场发生，特别是集约化猪场，造成相当大的危害，应引起重视。

二、流行病学

细小病毒可引起多种动物感染，不同年龄、性别的家猪和野猪都有可能感染，但以春秋两季产仔多时常见。本病主要发生于初产母猪，可水平传播和垂直传染，病猪是主要的传染源。特别是购入带毒猪后，可引起暴发流行。

三、临床症状

仔猪和母猪的急性感染，通常没有明显症状，但在其体内很多组织器官（尤其是淋巴组织）均有病毒存在。怀孕母猪被感染时，主要临床表现为母源性繁殖障碍，如多次发情而不受孕，或产出死胎、木乃伊胎，或只产出少数仔猪（图3-1）。在怀孕早期感染时，则因胚胎死亡而被吸收，使母猪不孕和不规则地反复发情。怀孕猪中期感染时，则胎儿死亡后，逐渐木乃伊化，产出木乃伊化程度不同的胎儿和虚弱仔猪，在一窝仔猪中有木乃伊胎儿存在时，可使怀孕期或胎儿娩出间隔时间延长，这样就易造成外表正常的同窝仔猪的死产。怀孕后期（70天后）感染时，则大多数胎儿能存活

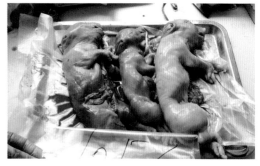

图3-1　病猪产出死胎　（高山等）

下来，并且外观正常，但可长期带毒排毒，若将这些作为种用繁殖，则可使本病在猪群中长期扎根，难以清除。

本病最多见于初产母猪，母猪首次受感染后可获得坚强的免疫力，甚至可持续终生。细小病毒感染对公猪的性欲和受精率没有明显影响。

四、病理变化

怀孕母猪感染后本身没有病变。胚胎的病变是死后液体被吸收，组织软化。受感染而死亡的胎儿可见充血、水肿、出血、体腔积液、脱水（木乃伊化）等病变。

五、防治措施

（1）预防本病应从防止本病病猪传入场着手，例如从无病猪场引进种猪。若从有本病阳性猪场引进种猪时，应隔离观察14天。阴性时，才可以混群。

（2）在本病污染的场，可采取自然感染免疫或免疫接种的方法，控制本病发生，在后备种群中放进一些血清阳性的老母猪，或将后备猪放在感染猪圈内饲养，使其受到自然感染而产生自动免疫力。此法的缺点是猪场受强毒污染日趋严重，不能输出种猪。

（3）目前对本病尚无有效的治疗方法。我国自制的猪细小病毒灭活疫苗，注射后可产生良好的预防效果。

第二节　猪圆环病毒病

一、概述

本病是由猪圆环病毒引起的猪的一种传染病。主要感染 8~13 周龄的猪，其特征为体质下降、消瘦、腹泻、呼吸困难。有人称之为猪断奶后多系统衰弱综合征。

二、流行病学

猪圆环病毒病分布广泛，猪群阳性率达 20%~80%。本病主要感染断奶后仔猪，哺乳猪很少发病。如果采取早期断奶的猪场，10~14 日龄断奶猪也可发病。一般本病集中于断奶后 2~3 周和 5~8 周龄的仔猪。

三、临床症状

受圆环病毒侵害的猪引起多系统进行性功能衰弱，在临床症状表现为生长发育不良和消瘦、皮肤苍白、肌肉衰弱无力、精神差、食欲不振、呼吸困难（图3-2，图3-3）。有20%的病例出现贫血黄疸，具有诊断意义。但慢性病例难于察觉。

图3-2　病猪虚弱无力

图3-3　病猪生长缓慢、消瘦，皮肤苍白

四、病理变化

病猪消瘦，有不同程度的贫血和黄疸。淋巴结肿大4～5倍，在胃、肠系膜、气管等淋巴结尤为突出（图3-4），切面呈均质苍白色。肺部有散在隆起的橡皮状硬块。严重病例肺泡出血，在心叶和尖叶有暗红色或棕色斑块。脾肿大，肾苍白有散在白色病灶，被膜易于剥落，肾盂周围组织水肿。胃在靠近食管区常有大片溃疡形成。盲肠和结肠黏膜充血和出血点，少数病例见盲肠壁水肿而明显增厚（图3-5）。

图3-4　淋巴结肿大　（杨金宝）

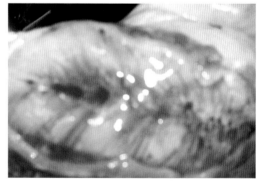

图3-5　肠壁水肿　（杨金宝）

五、防治措施

（1）引进种猪时要注意来源，猪场必须实施严格的生物安全措施，并且猪群中必须没有临床症状。

（2）加强外部生物安全措施，包括严格控制来访者及外来车辆，外来货物等。

（3）至少在同一栏实行全进全出，最好是同一猪舍或整个猪场做到全进全出。

（4）降低饲养密度，必要时可出售部分保育舍仔猪和生长猪。

（5）本病尚无有效治疗方法。

第三节　猪伪狂犬病

一、概述

伪狂犬病是由伪狂犬病病毒引起的一种急性传染病。感染猪的临床特征为体温升高，新生仔猪表现神经症状，还可侵害消化系统。成年猪常为隐性感染，妊娠母猪感染后可引起流产、死胎及呼吸系统症状。公猪表现繁殖障碍和呼吸系统症状。

二、流行病学

犬、牛、猪等多种动物都可自然感染；病猪、带毒猪是重要传染来源，通过消化道、呼吸道、伤口及配种等途径发生感染；多发生冬、春季节，哺乳仔猪死亡率很高。

三、临床症状

猪的年龄不同，其症状有很大差异，但都无明显的瘙痒症状。新生仔猪及4周龄以内仔猪，常突然发病，病猪精神委顿、不食、呕吐或腹泻。随后可见兴奋不安，步态不稳，运动失调，全身肌肉痉挛，或倒地抽搐。有时呈不自主地前冲，后退或转圈运动。随着病程发展，出现四肢麻痹，倒地侧卧，头向后仰，四肢乱动，最后死亡。病程1~2天，死亡率很高。4月龄左右的，多表现轻微发热，流鼻液，咳嗽，呼吸困难，有的出现神经症状而死亡（图3-6）。妊娠母猪主要发生流产，产死胎或木乃伊胎。流产率可达50%。同时常造成母猪乏情、返情和屡配不孕等繁殖障碍。公猪繁殖性能下降。

四、病理变化

无特征性病理变化。可见肾脏针尖状出血。如有神经症状，则脑膜充血水肿，脑脊髓液增多（图3-7）。鼻腔有黏液分泌，咽喉部黏膜和扁桃体水肿、坏死，并有伪膜覆盖（图3-8）。肺充血水肿、出血和坏死。淋巴结肿大，胃肠黏膜黏液增加或有出血点。有时肝脏、脾表面和实质内出现点状或片状坏死灶（图3-9）。

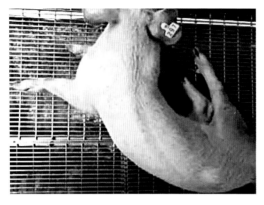

图 3-6 病猪表现神经症状 （杨金宝）

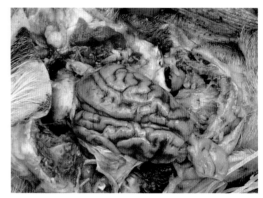

图 3-7 脑膜充血、出血 （杨金宝）

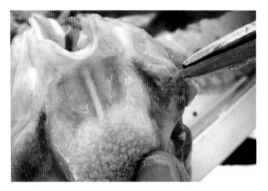

图 3-8 扁桃体出血、坏死 （杨金宝）

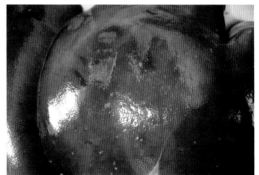

图 3-9 肝脏肿大，有白色坏死点 （杨金宝）

五、防治措施

（1）本病要做好平时的预防措施。一是要坚持自繁自养；二是搞好环境卫生，严格消毒；三是做好疫苗的接种，增强机体免疫力，消灭易感群。

（2）根据种猪场的条件酌情采取淘汰措施进行猪场净化。高度污染的或种猪不太昂贵的可全群淘汰更新。也可以淘汰阳性反应猪。

（3）注射伪狂犬病油乳剂灭活苗。种猪（包括公母猪）每 6 个月注射一次，母猪于产前 1 个月再加强免疫 1 次。种用仔猪于 1 月龄左右注射 1 次，隔 4 ~ 5 周重复注射 1 次，以后每半年注射 1 次，种猪场一般不宜用弱毒疫苗。

（4）为了减少经济损失，肥育猪场可采取全面免疫的方法。但是，经免疫接种的猪只能防止发病，不能抵抗强毒感染和带毒猪排毒。所以，除免疫注射外，应加强猪场的一般综合性防治措施，防止伪狂犬病的传播。

（5）本病还没有有效药物进行治疗，紧急情况下可用高免血清治疗，可降低死亡率。

第四节 猪日本乙型脑炎

一、概述

猪日本乙型脑炎，又叫流行性乙型脑炎，是一种人畜共患的传染病。感染后，大多数猪不显症状，怀孕母猪可引起流产，产死胎，公猪睾丸肿大，少数猪呈现神经症状。

二、流行病学

许多动物和人感染后可成为本病的传染源，猪的感染最为普遍，不分品种和性别均易感。本病主要通过蚊的叮咬进行传播，病毒能在蚊体内繁殖，并可越冬，经卵传递，成为翌年感染动物的来源。本病由于主要经蚊传播，有明显的季节性；猪的发病年龄与性成熟有关，大多在 6 月龄左右猪发病，其特点是感染率高，发病率低，死亡率低。

三、临床症状

猪只感染乙脑时，临床上几乎没有脑炎症状的病例；常突然发生，体温升高，稽留热，病猪精神委顿，食欲减少或废绝，饮欲增加，粪干呈球状，表面附着灰白色黏液，尿呈深黄色；有的后肢呈轻度麻痹，步态不稳，关节肿大，跛行；有的病猪视力障碍；最后麻痹死亡。

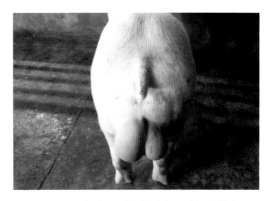

图 3-10 病猪一侧睾丸肿大 （邹杰等）

妊娠母猪突然发生流产，产出死胎，木乃伊和弱胎，流产前母猪除有轻度减食或发热外，无明显异常表现，同胎猪也见正常胎儿。公猪除有一般症状外，常发生一侧性睾丸肿大（图 3-10），也有两侧性的，患病猪睾丸阴囊皱襞消失、发亮，有热痛感，经 3~5 天后肿胀消退，有的睾丸变小变硬，失去配种繁殖能力。如仅一侧发炎，仍有配种能力。

四、病理变化

流产胎儿脑水肿，皮下血样浸润，肌肉似水煮样，腹水增多；木乃伊胎儿从拇指大小到正常猪大小；肝、脾、肾有坏死灶；全身淋巴结出血；肺淤血水肿。子宫黏膜充血、出血并有黏液。胎盘水肿或见出血。公猪睾丸实质充血、出血和小坏死灶；睾丸硬化者，体积缩小，与阴囊粘连，实质结缔组织化。

五、防治措施

（1）在流行地区场，在蚊虫开始活动前 1～2 个月，对 4 月龄以上至两岁的公猪、母猪，应用乙型脑炎弱毒疫苗进行预防注射，第二年加强免疫一次，免疫期可达 3 年，有较好的预防效果。

（2）本病无治疗方法，一旦确诊最好淘汰。做好死胎、胎盘及分泌物等的处理消毒工作。驱灭蚊虫，注意消灭越冬蚊。

第五节 猪布氏杆菌病

一、概述

布氏杆菌病是由布氏杆菌属细菌引起人畜共患的一种慢性传染病，属于二类动物疫病。本病的特征是妊娠母猪流产、关节炎和公猪睾丸炎等。

本菌对外界因素的抵抗力较强，在污染的土壤和水中可存活 1～4 个月，在粪、尿中可活 1 个半月，在被污染的羊毛上可活 80～115 天。对热和消毒药较敏感，在 65℃温度下，15 分钟死亡，煮沸立即死亡，在腐败组织中很快失去生活力。一些消毒药，如 1%～2% 福尔马林、2%～3% 来苏儿、克辽林、2% 火碱，10% 石灰乳都能在短时间内杀死本菌。链霉素、土霉素、金霉素对本菌有抑制作用。本菌对磺胺类中度敏感。

二、流行病学

本病的发生无明显季节性，母猪较公猪易感，尤其第一胎母猪发病率最高；阉割后的公母猪感染率较低，5 月龄以下的猪易感性较低，对此病有一定的抵抗力，随着年龄增长，性成熟后，对此病则非常敏感。病猪及带菌猪是主要的传染源，接触或食入感染动物的分泌物、体液、肉、奶都能感染。母猪流产或分娩时在胎儿、羊水和胎衣，以及阴道分泌物内有大量的布氏杆菌。人可以通过皮肤、黏膜、消化道和呼吸道感染，但猪布氏杆菌感染人的情况较少见。人与人之间一般不发生水平传播。

三、临床症状

母猪主要症状是流产（图 3-11），多发生在怀孕的第 2~3 个月期间。流产的胎儿多为死胎，很少木乃伊化，但接近预产期流产时，所产的仔猪可能有完全健康者、虚弱者和不同时期死亡者，并且阴道流出黏性红色分泌物，经 8~10 天方可自愈。少数母猪流产后引起子宫炎和不育，多数以后经交配能受孕，第二胎正常生产，

图 3-11　病猪流产　（杨金宝等）

极少见重复流产。但是，有的母猪乳房受害，奶少，奶的质量降低，严重的乳房发生化脓性或非化脓性肿块。有的发生关节囊炎和皮下组织脓肿。

成年公猪除有时出现关节炎外，常发生睾丸炎、一侧或两侧性睾丸肿大、硬固、有热痛，体温中度升高，食欲不振，不及时治疗，有的发生睾丸萎缩、硬化，或是睾丸坏死，触之有波动，均造成性欲减退或丧失，失去配种能力。

四、病理变化

发病母猪子宫黏膜上散在分布着很多呈淡黄色的小结节，结节质地坚硬，切开有少量干酪样物质可从中压挤出来。小结节可相互融合成不规则的斑块，从而使子宫壁增厚、内膜狭窄，通常称其为粟粒性子宫布氏杆菌病。输卵管也有类似子宫结节病变，有时可引起输卵管阻塞。在子宫阔韧带上有时见散在扁平、红色、不规则的肉芽肿。公猪布氏杆菌性睾丸炎结节中心为坏死灶，附睾通常呈化脓性炎症。由猪布氏杆菌引起的关节病主要侵害四肢大的复合关节，也有化脓性炎症。

五、防治措施

（1）对本病治疗意义不大，而临床上出现当成某些细菌病和其他传染病而进行治疗的情况，不仅增加了经济成本，而且容易造成本病在同群动物中的传播，更严重得是传染人。

（2）坚持自繁自养，应严格控制本病的传入，不从病猪场或疫区购入猪只。必须调入种猪时，对其隔离饲养两个月，在此期间至少检疫两次，阴性者方可混群，阳性者淘汰。

（3）猪群定期检疫，检出阳性猪，淘汰。对阴性猪一律耳根皮下注射布氏杆菌猪型二号弱毒冻干菌苗，免疫期为1年。

（4）严格消毒和处理流产物，母猪流产胎儿、胎衣、胎水要消毒深埋，对污染场地和用具用2%火碱或3%来苏儿彻底消毒。

第六节　猪衣原体病

一、概述

衣原体病是人、兽、鸟类共患的传染病。牛、羊、猪等表现为流产、结膜、多性关节炎、肠炎、肺炎等症状。人呈现鹦鹉热，其病原体为鹦鹉热衣原体。猪衣原体病是由鹦鹉热衣原体的某些株系所引起。

二、流行病学

病猪、康复猪及隐性感染猪是本病的主要传染源。这些猪可长期带菌，通过眼、鼻分泌物和粪排菌，患病公猪的精液带菌可持续2~20个月。定居于猪场的鼠类和野鸟可能携带病原体而成为本病的自然疫病源。本病主要的传播途径是直接接触，通过消化道及呼吸道感染，也可通过胎盘及交配而传染，不同品种和年龄的猪都可感染发病。猪衣原体病一般呈地方流行性发生，有常在性和持久性。当猪场卫生条件差，饲养密度过大，潮湿，营养不全等不良应激因素导致猪抵抗力下降时，有潜伏感染的猪场可暴发本病。

三、临床症状

大多数为隐性感染，少数猪感染后，经过3~15天的潜伏期，可出现症状。母猪患病的典型病征是流产、早产、死胎及产出无活力的弱仔。大多数母猪流产发生于正产期前几周，母猪一般无任何先兆。公猪多表现为睾丸炎、附睾炎、尿道炎、龟头包皮炎，交配时从尿道排出带血的分泌物，精液品质及精子活力下降。有的发生慢性肺炎。小猪尤其是 2 ~ 4 月龄的小猪，可出现以下一种或几种病型。慢性支气管肺炎型、角膜结膜炎型、多关节炎和多浆膜炎型和肠道感染型。

四、病理变化

流产母猪的病变局限于子宫，子宫内膜充血、水肿，间或有 1 ~ 1.5 厘米大小的坏死灶。胎衣呈暗红色，表面覆盖一层水样物质，黏膜面有坏死灶，其周围水肿。流产胎猪及产后 1 天内死亡的仔猪，头、颈、肩脚部及会阴部皮下组织水肿，胸部皮下有胶样浸润，四肢有弥漫性出血，胸腹腔中积有暗红色纤维蛋白渗出液，肝、脾、肾被膜下有出血点，肺常有卡他性炎症。公猪的病变多在生殖器官，睾丸变硬，腹股沟淋巴结肿大，输精管有出血性炎症。肺炎型小猪，见肺水肿，表面有出血斑点，切面有大量渗出液，纵隔淋巴结水肿，有的呈间质性肺炎病变。如有继发感染，则出现卡他性化脓性支气管肺炎及坏死病灶。

五、防治措施

（1）为防本病传入，引进种猪应按规定严格检疫。尽量避免猪群接触其他种动物，尤其是已发生流产、肺炎、多发性关节炎以及衣原体病阳性的动物群。驱除和消灭猪场内的鼠类及野鸟。保证饲料的营养平衡，减少不良应激因素的影响。发病或衣原体病阳性猪场，对流产胎儿、胎衣、排泄物、污染的垫草应深埋或焚毁，污染场地应以常用的消毒药液彻底消毒。对同群猪进行药物预防，或用衣原体灭活疫苗进行预防注射，母猪在配种后 1 ~ 2 个月，注射 2 次，间隔 10 ~ 20 天。公猪和仔猪每年以同样的间隔时间注射疫苗 2 次。接触病猪及其排泄物的人员应注意自身防护，以防感染衣原体。

（2）四环素、强力霉素、红霉素、竹桃霉素均有良好的治疗和预防作用。最常用的是四环素。四环素类的用量，每吨拌入 400 克，连用 21 天。个别感染猪可肌内注射强力霉素，每千克体重 1 ~ 3 毫克，每日 1 次，连续 5 天。

第七节 猪弓形体病

一、概述

猪弓形体病是由刚地弓形虫寄生于猪的多种有核细胞而引起的人畜共患原虫病。

本病以高热、呼吸困难、消化及神经系统症状和怀孕母猪流产、死胎为主要特征。

二、流行病学

该病多发于 3 ~ 4 月龄猪，死亡率较高。如果在妊娠过程中感染可引发流产和死产。夏秋炎热季节多发。病畜、带虫动物及流产胎儿都可成为感染来源。猪主要是通过消化道而感染发病。

三、临床症状

猪急性感染弓形虫后，体温升高，呈稽留热，精神沉郁，食欲减退至废绝，伴有便秘或下痢。呼吸困难，常呈腹式呼吸或犬坐呼吸。随着病程发展，耳、鼻、后肢股内侧和下腹部皮肤出现紫红色斑或间有出血点。耐过的病猪往往遗留有咳嗽、呼吸困难及后躯麻痹、运动障碍、斜颈、癫痫样痉挛等神经症状。怀孕母猪若发生该病，主要表现为死胎或流产。如果母猪呈隐性感染，可经胎盘传给胎儿引起流产、死胎或产下弱仔；若未发生胎盘感染，产下的健康仔猪吃母乳后，亦可能感染发病。5 日龄乳猪即可发病。

四、病理变化

全身淋巴结肿大，切面外翻多汁，有时可见粟粒大小灰白色坏死灶及大小不等的出血点，尤以肠系膜淋巴结最为显著，肿胀如粗绳索样。在耳翼、下腹部、四肢内侧和尾部等因淤血及皮下渗出性出血而呈弥漫性紫红色或大的出血斑点。肺脏膨满，出血水肿（图 3-12），暗红色，间质增宽，含多量浆液而膨胀成为无气肺，同时，肺、肝、

图 3-12　病猪肺脏高度淤血水肿　（杨金宝）

图 3-13　病猪肝脏表面坏死点　（杨金宝）

图 3-14　淋巴结肿大　（杨金宝）

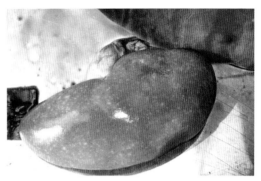

图 3-15　肾脏肿大、坏死　（杨金宝）

脾和肾出现大小不等、数量不一的出血点和灰白色坏死灶（图 3-13～图 3-15）。肠黏膜肿胀、潮红、充血、甚至糜烂，从空肠至结肠有出血斑点，在回盲瓣处常见有黄豆大小中心凹陷的溃疡灶。

五、防治措施

（1）加强饲养管理，保持猪舍卫生。防止猫粪污染猪食和饮水。消灭鼠类，不要猪猫同养。

（2）急性病例使用磺胺类药药物有一定的疗效，磺胺药与三甲氧苄氨嘧啶（TMP）或乙胺嘧啶合用有协同作用。亦可试用氯林可霉素。

（3）对于弓形体病，使用磺胺类药物时必须坚持严格的用药原则：第一，剂量要足，首次剂量要加倍；第二，根据磺胺类药物在体内的维持时间，严格按时用药；第三，不能过早停药，治疗本病的一个疗程需要 5～7 天，通常到第 5 天时，猪体温下降，出现食欲，但此时不可停药，必须继续用药 1～2 天，否则易复发。

第八节　子宫内膜炎

一、概述

子宫内膜炎通常是子宫黏膜的黏液性或化脓性炎症，为母猪常见的一种生殖器官的疾病。子宫内膜炎发生后，往往发情不正常，或者发情虽正常，但不易受孕，即使妊娠也易发生流产。

二、流行病学

绝大多数病猪是从体外侵入病原体而感染的，如分娩时产道损伤、污染，胎衣不下或胎衣碎片残存，子宫弛缓时恶露滞留，难产时手术不洁，人工授精时消毒不彻底，自然交配时公猪生殖器官或精液内有炎性分泌物。此外，母猪过度瘦弱，抵抗力下降时，其生殖道内的非致病菌也能致病。

三、临床症状

在临床上可分为急性子宫内膜炎与慢性子宫内膜炎两种。

（1）急性子宫内膜炎。多发生于产后及流产后，全身症状明显，病猪食欲减损或废绝，体温升高。时常努责，有时随同努责从阴道内排出带臭味污秽不洁的红褐色黏液或脓性分泌物。

（2）慢性子宫内膜炎。多由于急性子宫内膜炎治疗不及时转化而来。全身症状不明显，病猪可能周期性的从阴道内排

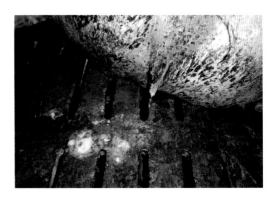

图 3-16　病猪阴道内流出脓性分泌物

出少量混浊的黏液（图3-16）。母猪即使能定期发情，也屡配不孕。

四、防治措施

（1）在炎症急性期，清除积留在子宫内的炎性分泌物，先将残存的溶液排出，然后向子宫内注射青霉素或金霉素。对慢性子宫内膜炎的病猪，可用青霉素、链霉素混于高压灭菌的植物油中，向子宫内注入。为了促使子宫蠕动加强，有利于宫腔内炎性分泌物的排出，亦可使用子宫收缩剂，如皮下注射垂体叶素。全身疗法可用抗生素或磺胺类药物。

（2）应使猪舍保持干燥，临产时地面上可铺清洁干草，发生难产后助产时应小心谨慎。取完胎儿、胎衣，应用弱消毒溶液洗涤产道，并注入抗菌药物。人工授精要严格遵守消毒规则。

第九节　乳房炎

一、概述

正常母猪乳房的外形呈漏斗状突起，前部及中部乳房较后部乳房发育好些，这和动脉血液的供应有关。乳房发育不良时呈喷火口状凹陷，这种乳房不但产乳量少，排乳困难，而且常引起乳房炎。

二、流行病学

本病多半是由链球菌、葡萄球菌、大肠杆菌或绿脓杆菌等病原微生物侵入而引起。其感染途径主要是通过仔猪咬破的乳管伤口。此外，猪舍门栏尖锐、地面不平或过于粗糙，使乳房经常受到挤压、摩擦，或乳房受到外伤时也可引起乳房炎。母猪患子宫内膜炎时，常可并发此病。

三、症状及病变

患病乳房可见潮红、肿胀，触之有热感。由于乳房疼痛，母猪怕痛而拒绝仔猪吮乳。黏液性乳房炎时，乳汁最初较稀薄，以后变为乳清样，仔细观察时可看到乳中含絮状物。炎症发展成脓性时，可排除淡黄色或黄色脓汁。如脓汁排不出时，可形成脓肿，拖延日久往往自行破溃而排除带有臭味的脓汁，母猪可能会出现全身症状，体温升高，食欲减退，喜卧，不愿起立等。

四、防治措施

（1）首先应隔离仔猪。对症状较轻的乳房炎，可挤出患病乳房内的乳汁，局部涂以消炎软膏。对乳房发生脓肿的病猪，应尽早由上向下纵行切开，排出脓汁，然后用3%双氧水或0.1%高锰酸钾溶液冲洗。脓肿较深时，可用注射器先抽出其内容物，最后向腔内注入青霉素10万~20万单位。病猪有全身症状时，可用青霉素、磺胺类药物治疗。

（2）母猪在分娩前及断乳前3~5天，应减少精料及多汁饲料，以减轻乳腺的分泌作用。同时应防止给予大量发酵饲料。猪舍要保持清洁干燥，冬季产仔时应多垫柔软干草。

第十节　母猪无乳综合征

一、概述

本病是母猪产仔后几天之内缺乳或无乳的一种现象。造成母猪产后缺乳的原因主要有：母猪妊娠后期营养水平过低，能量不足，缺乏蛋白质饲料；母猪利用年限长，生理机能差；妊娠期营养不均衡使乳房内脂肪沉积过量，影响乳腺腺泡的发育；母猪容易感染多种疾病，会影响乳房的发育和乳汁的形成。最后，初产母猪乳腺发育不良，也会发生缺乳现象。

二、临床症状

多数母猪产后吃喝、精神、体温皆正常，乳房外观也无明显异常变化，用手挤乳量很少或乳汁稀薄或挤不出乳汁。仔猪吃奶次数增加但吃不饱，常追着母猪吮乳，吃不到奶而饥饿嘶叫，有的叼住乳头不放，大多数仔猪很快变瘦，有的腹泻或死亡（图3-17）。

图3-17　病猪无乳

三、防治措施

（1）首先要科学合理地饲养和管理好妊娠母猪，防止过瘦或过肥，尤其要防止便秘和产后不食：具体措施：① 必须保证母猪全价的配合日粮，同时辅以牧草、青菜等青绿饲料。② 清洗和消毒母猪，尤其是乳房、腹侧和臀部。然后进入清洁消毒过的产房。产后，再清洗和消毒母猪的乳房、腹侧和臀部，并要按摩乳房，把每个乳头的第一、第二把的奶挤掉。其次，产前一个月和产后当日，给母猪各肌内注射1次亚硒酸钠 - 维生素E注射液。最后，产后当天喂服促乳药物。

（2）治疗方法很多，主要有① 在产仔猪期间或产后，可肌内注射垂体后叶素 10 ~ 30单位，用药后15分钟，再把隔离的乳猪放回来，让乳猪吃奶。此药可每小时注射1次，一般3 ~ 5次即可见效。② 青年母猪生产仔猪后异常兴奋，也可引起缺乳或无乳，需要肌内注射安痛定注射液 10 ~ 20毫升，或安乃近10毫升。③ 母猪产后1 ~ 2天内，肌内注射2毫升律胎素，可防治三联症（子宫炎、乳房炎及少乳症）。④ 给母猪内服催乳灵或催乳散，每日1次，连服3 ~ 5天。

第一节　猪链球菌病

一、概述

猪链球菌病属国家规定的二类动物疫病，是一种人畜共患传染病。在猪常发生淋巴结脓肿、败血症、脑膜脑炎及关节炎。败血症型和脑膜脑炎型的病死率较高，对养猪业的发展有较大的威胁。

二、流行病学

链球菌属条件性致病菌。不同年龄、品种和性别的猪均易感，但大多数在 3 ~ 12 周龄的仔猪暴发流行，尤其在断奶及混群时易出现发病高峰。猪链球菌定植在猪的上呼吸道（尤其是鼻腔和扁桃体）、生殖道和消化道。其传播方式主要通过口或呼吸道传播，也可垂直传播（有些新生仔猪可在分娩时感染）。病猪和病死猪是主要的传染源，亚临床健康的带菌猪可排出病菌成为传染源，对青年猪的感染起重要的作用。猪链球菌病常在 7—10 月易出现大面积流行。各种应激因素使动物的抵抗力降低时，均可诱发猪链球菌病。昆虫媒介在疾病的传播中起重要作用。

三、临床症状

临床常见 4 型，第一型淋巴结脓肿型，多见于颌下淋巴结。表现为肿胀，有热、痛、采食和吞咽障碍，有的咳嗽、流鼻液。淋巴结脓肿成熟变软，表现皮肤坏死、破溃流出脓汁后，全身症状也好转，局部结疤愈合。第二型败血症型，突然发病死亡，非急性败血型的病例，不吃食，体温升高，呈稽留热，全身症状明显，流浆性或黏液性鼻液，便秘。腹下有紫红斑。有的伴有

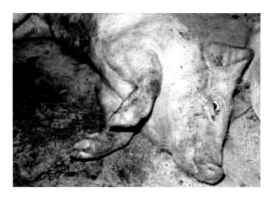

图 4-1　病猪四肢呈游泳状　（高山等）

关节肿胀。第三型脑膜脑炎型，多见于哺乳仔猪和断奶后小猪，病初体温升高，不食、便秘，有浆液性或黏液性鼻液，继而出现共济失调、转圈、磨牙、仰卧或角弓反张、侧卧于地、四肢作游泳状运动（图 4-1），昏迷等各种神经症状。第四型关节炎型，

表现一肢或几肢关节肿胀、疼痛、跛行或不能站立，可逐渐好转而恢复，或逐渐衰弱、突然恶化而死亡。

四、病理变化

淋巴结型多见颌下淋巴结，咽部和颈部淋巴结肿大、坚硬、出血，至化脓成熟、中央变软，皮肤坏死，自行破溃流脓。败血型时，鼻、气管、肺充血、肺炎；全身淋巴结肿大、出血（图4-2）；胸、腹腔及心包积液，心内膜出血；脾、肾肿大、出血；脑膜脑炎型病猪的脑膜充血、出血（图4-3），脑脊髓液混浊、增量，有多量的白细胞，脑实质有化脓性脑炎变化，脑脊髓白质和灰质有小点出血；关节炎型的可见关节囊、滑膜面充血、粗糙、滑液混浊，有时蓄积乳酪样块状物，关节周围皮下呈黄色胶样水肿、严重的化脓和坏死。

 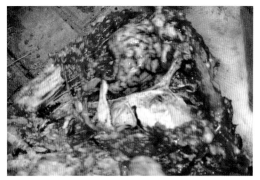

图 4-2　淋巴结出血　（杨金宝）　　　　图 4-3　脑膜充血、出血　（杨金宝）

五、防治措施

（1）严格消毒、清除传染源、病猪隔离治疗和带菌母猪淘汰是有效的防治措施。污染的用具和环境用 3% 来苏儿等消毒液彻底消毒。猪链球菌病感染人主要通过接触病死猪，所以要做好人员的防护。

（2）预防接种。预防菌苗最好用弱毒活菌苗。猪场发生本病后，如果暂时买不到菌苗，可用药物预防，以控制本病的发生。每吨饲料中加入四环素 125 克，连喂 4~6 周。

（3）药物治疗。首先选择对猪链球菌敏感的抗菌药物。可通过药敏试验，筛选敏感抗菌药。同时，可按不同病型进行对症治疗。淋巴结脓肿型，待脓肿成熟后，及时切开，排除脓汁，用 3% 双氧水或 0.1% 高锰酸钾液冲洗后，涂以碘酊。对败血症型及脑

膜脑炎型，应早期大剂量使用抗生素或磺胺类药物。青霉素和地塞米松，庆大霉素和青霉素等联合应用都有良好效果。

第二节 猪李氏杆菌病

一、概述

猪李氏杆菌病是由单核球增多性李氏杆菌所引起的一种传染病，多散在发生。患病动物主要表现为中枢神经系统症状和病理变化。

二、流行病学

本病的发生有一定的季节性，在冬春季节多发。本病为人畜禽共患的传染病。各种年龄、性别、品种的猪均易感，但仔猪和怀孕母猪最易感。哺乳仔猪和断奶不久的仔猪多发。病猪、带菌猪及其他带菌动物均为本病的传染源。妊娠母猪感染后常发生流产。本菌从感染动物的分泌物排出体外，经消化道，呼吸道、损伤皮肤而感染。本病通常为散发，发病率很低，但病死率很高。

三、临床症状

猪李氏杆菌病自然感染表现症状很不一致，败血型仔猪感染以败血症为主，体温升高，精神沉郁，食欲减退或废绝，呼吸困难、耳部及腹部皮肤发绀。病程 1 ~ 3 天，病死率高。妊娠母猪常发生流产。单纯的脑膜脑炎型多发生于断奶前后的仔猪，也见于哺乳仔猪。初期表现兴奋不安，运动失调，步态蹒跚，肌肉震颤，无目的地乱跑。有的病猪头颈后仰，四肢开张呈典型的观星姿势。有的后肢麻痹、拖地不能站立，严重者侧卧，抽搐，口吐白沫，四肢乱划，病猪反应性增强，给予轻微刺激就发出惊叫。病程 1 ~ 3 天，长的可达 4 ~ 9 天。幼猪病死率很高，成年猪可能耐过。混合型多见于哺乳仔猪，病猪常突然发病，初期体温升高，吮乳减少或不吃，粪干尿少，中后期体温降至常温或常温以下。

四、病理变化

败血型病死猪可见腹下，股内侧弥漫性出血。多数淋巴结肿大出血，切面多汁。肝、脾肿大，肝表面有灰白色坏死灶为特征性病变。胃和小肠黏膜充血，肠系膜淋巴结肿大。肺充血，水肿，气管和支气管为出血性炎症。心内外膜出血。脑膜脑炎型病死猪脑及脑膜充血，水肿。脑脊液增多，混浊，含有较多的细胞。脑干，尤其是脑桥、延脑、脊髓变软。

五、防治措施

（1）本病尚无有效疫苗，故应加强饲养管理，搞好卫生和消毒工作。对于哺乳仔猪要保证吃足母乳或人工哺乳。最好坚持自繁自养，必须从场外引进种猪和猪苗时，一定隔离检疫，确保无病才可入群，千万不要从疫区引进猪只。由于本病的传染源很多，严禁其他家畜、家禽及野生动物侵入猪场。尤其要消灭猪舍内的鼠类。对猪群要经常观察，发现病猪马上隔离治疗，对病死猪的尸体要焚毁，深埋。

（2）治疗时早期应用磺胺类药物和抗生素治疗有很好的效果。如将庆大霉素和氨苄青霉素混合应用，效果更好。对症治疗，如病猪兴奋不安，可内服水合氯醛。

第三节　猪破伤风

一、概述

破伤风是由破伤风梭菌引起人、畜的一种经创伤感染的急性、中毒性传染病，又名强直症、锁口风。本病的特征是病猪全身骨骼肌或某些肌群呈现持续的强直性痉挛和对外界刺激的兴奋性增高。猪只发病主要是阉割时消毒不严或不消毒引起的。病死率很高，造成一定的损失。

二、流行病学

本菌广泛存在于自然界，各种家养的动物和人均有易感性。在自然情况下，感染途径主要是通过各种创伤感染，我国猪破伤风以去势创伤感染最为常见。伤口狭小而深，伤口内发生坏死，或伤口被泥土、粪污、痂皮封盖，或创伤内组织损伤严重、出血、有异物，或与需氧菌混合感染等情况时，才是本菌最适合的生长繁殖场所。临诊上多数见不到伤口，可能是潜伏期创伤已愈合，或是由子宫、胃肠道黏膜损伤感染。本病无季节性，通常是零星发生。一般来说，幼龄猪比成年猪发病多，仔猪常因阉割引起。

三、临床症状

潜伏期长短与动物种类、创伤部位有关，如创伤距头部较近，组织创伤口深而小，创伤深部损伤严重，发生坏死或创口被粪土、痂皮覆盖等，潜伏期缩短，反之则长。一般来说，幼畜感染的潜伏期较短。发病猪，头部肌肉痉挛，牙关紧闭，口流液体，常有"吱吱"的尖细叫声，眼神发直，瞬膜外露，两耳直立，腹部向上蜷缩，尾

图 4-4　病猪神经症状　（高山等）

不摇动，僵直，腰背弓起，触摸时坚实如木板，四肢强硬，行走僵直，难于行走和站立（图 4-4）。轻微刺激（光、声响、触摸）可使病猪兴奋性增强，痉挛加重。重者发生全身肌肉痉挛和角弓反张。死亡率高。

四、病理变化

解剖无诊断意义的病理变化，仅在黏膜、浆膜及脊髓等处有小出血点，四肢和躯干肌间结缔组织有浆液浸润。

五、防治措施

（1）首先应找到创伤部位，彻底的清洗及清理创口，将腐败的组织刮除干净，然后用 0.5% 高锰酸钾溶液或 3% ~ 5% 过氧化氢溶液冲洗创口，最后用浓碘酊涂布。

（2）使用镇静药物，使病猪保持安静，能进食及饮水。使用青霉素肌内注射，以抑制破伤风梭菌的生长繁殖。

（3）特异疗法除上述疗法外，如能使用抗破伤风抗毒素则疗效更好，可用 20 万 ~ 50 万单位，肌内注射或静脉注射，必要时 3 ~ 5 天后重复一次。

第四节　新生仔猪低血糖症

一、概述

新生仔猪低血糖症是仔猪出生后最初几天因饥饿致使体内储备的糖原耗竭，而引

起血糖显著降低的一种营养代谢病。以仔猪衰弱乏力，运动障碍、痉挛、衰竭等神经症状为特征。

二、流行病学

仔猪出生后吮乳不足是发生本病的主要原因。母猪妊娠期营养不良产后缺乳或无乳，或感染发生子宫内膜炎、乳房炎等引起少乳或无乳的疾病，仔猪患大肠杆菌病、先天性震颤等疾病无力吮乳，都会造成仔猪吮乳不足而发生本病。本病主要发生于冬春季节，多见于出生后一周以内的仔猪。同窝仔猪常有 30% ～ 70% 发病，甚至全窝发病，本病经过急剧，如不及时治疗，病死率几乎 100%。

三、临床症状

一般在生后第二天发病，病初精神不振，吮乳停止，四肢软弱无力，肌肉震颤，摇摇晃晃，运动失调。继之病猪尖叫，卧地后呈角弓反张，痉挛抽搐，四肢僵直，口吐白沫，瞳孔散大，皮肤苍白，皮温降低，很快死亡，病程不超过 36 小时。

四、病理变化

肝脏变化最为特殊，肝呈橘黄色，边缘锐利，质地像豆腐，稍碰即破碎。胆囊肿大。肾呈淡土黄色、有散在的红色出血点。

五、防治措施

用 5% 或 10% 葡萄糖液 20 ～ 40 毫升，腹腔或皮下分点注射每隔 3 ～ 4 小时 1 次，连用 2 ～ 3 天，效果良好。也可口服葡萄糖水。解除缺乳或无乳的病因，如系母猪营养不良引起的，要及时改善饲料；若系母猪感染所致，则应及时治疗。对仔猪过多的要进行人工哺乳或找代乳母猪。

第五节　钙磷缺乏症

一、概述

钙、磷缺乏是由于饲料中钙、磷不足，或二者比例不当，或维生素 D 缺乏从而引

起机体钙、磷缺乏，使小猪发生佝偻病，成年猪发生骨软症的代谢病。临床上以消化紊乱、异食癖、骨骼弯曲为主要特征。

二、病因

引起钙、磷缺乏的主要原因有以下几种情况：第一，饲料中钙和磷的含量不足，不能满足动物生长发育、妊娠、泌乳等对钙、磷的需要。第二，由于饲料中钙、磷的比例不当，影响钙、磷的正常吸收。一般认为饲料钙、磷比以（2～1.5）：1较适宜。当日粮高磷低钙时，由于过多的磷与钙结合会影响钙的吸收，造成缺钙，高钙低磷时过多的钙与磷结合，形成不溶性的磷酸盐，影响磷的吸收，造成缺磷。第三，机体存在影响钙、磷吸收的其他因素，如饲料中碱过多或胃酸缺乏时使肠道pH值升高，或饲料中含过多的植酸、草酸、脂肪酸等使钙变为不溶性钙盐，或饲料中含过多的金属离子与磷酸根形成不溶性的磷酸盐复合物等，均会影响钙、磷的吸收。第四，机体缺乏维生素D或因肝、肾病变及甲状旁腺素分泌减少，直接影响钙的主动吸收及磷的吸收。第五，患肠道疾病时，肠吸收功能受阻，使钙、磷吸收减少。第六，可引起甲状旁腺素分泌减少、降钙素增多或肾小管重吸收机能障碍的各种因素，均可引起钙、磷排出增多。此外，当慢性肾脏疾病伴有蛋白尿时，结合型钙随尿排出，致体内钙减少。

三、临床症状

（1）佝偻病。早期表现食欲不振、精神沉郁、消化紊乱、不愿站立，以后生长发育迟缓、异嗜癖、跛行及骨骼变形。面部、躯干和四肢骨骼变形，面骨肿胀，弓背，罗圈腿或八字腿。下颌骨增厚，齿形不规则、凹凸不平。四肢关节增大，胸骨弯曲成S形。肋骨与肋软骨间及肋骨头与胸椎间有球形扩大，排列成串珠状。骨与软骨的分界线极不整齐，呈锯齿状。软骨钙化障碍时，骨骼软骨过度增生，该部体积增大，可形成"佝偻珠"。头骨的钙盐减少，可因钙盐脱出变为头骨组织或发生陷窝性吸收变化。

（2）骨软症。成年猪的骨软症多见于母猪，初表现异食为主的消化机能紊乱，后主要是表现运动障碍。跛行，骨骼变形，表现上颌骨肿胀，脊柱拱起或下凹，骨盆骨变形，尾椎骨变形、萎缩或消失，肋骨与肋软骨结合部肿胀，易折断。骨干部质地柔软易折断，骨干部、头和骨盆扁骨增厚变形，牙齿松动、脱落。甲状旁腺常肿大，弥漫性增生。

四、防治措施

（1）佝偻病。加强护理，调整日粮组成，补充维生素D和钙、磷，适当运动，多晒太阳。有效的药物制剂：鱼肝油、浓缩鱼肝油。维生素 D 胶性钙注射液、维生素 AD 注射液、维生素 D 注射液。常用钙剂有蛋壳粉、牡蛎粉、骨粉、碳酸钙、乳酸钙、葡萄糖酸钙溶液、10% 氯化钙注射液、鱼粉。

（2）骨软症。调整日粮组成。在骨软病流行地区，增喂麦谷、米糠、豆饼等富含磷的饲料。或采用牧地施加磷肥或饮水中添加磷酸盐，防止群发性骨软病。补充磷制剂如骨粉，配合应用磷酸二氢钠溶液，或用次磷酸钙溶液，或用磷酸二氢钠粉。

>> 第五章
常见猪皮肤损伤类疾病

第一节　猪口蹄疫

一、概述

口蹄疫是由口蹄疫病毒引起的一种人畜共患的急性、热性、高度接触性传染病。本病的临床特征是在口腔黏膜、四肢下端及乳房等处皮肤发生水泡和烂斑。

二、流行病学

猪对口蹄疫病毒具有明显的易感性，不同年龄的猪，易感程度不完全相同，一般是越年幼的仔猪发病率越高，病情越重，死亡率越高。本病多发生于秋末、冬季和早春，尤以春季达到高峰，但在大型猪场及生猪集中的仓库，一年四季均可发生。病猪是本病的主要传染源，病猪在发热期，其粪尿、奶、分泌物和呼出的气体均含有病毒，尤其在发病的头几天排毒量最大，病毒可经由消化道、呼吸道及损伤的皮肤、黏膜感染，除了常见的病猪排泄物、病猪或其产品转运、与病猪接触的人、车辆与工具的移动可导致本病扩散，带毒空气也可传播病毒到 50 ~ 100 千米以外区域，因此该病可呈现接触式传播，也可出现跳跃式传播。康复后的病猪长时间带毒，成为传染源，通过直接或间接接触而使其他猪发病。

三、临床症状

病猪以蹄部水泡为主要特征，初期体温升高，精神不振，食欲减退或不食，蹄冠、趾间、蹄踵出现发红、微热、疼痛敏感等症状，不久形成黄豆大、蚕豆大的水疱，水泡破裂后形成出血性烂斑，一周左右恢复。若有细菌感染，则局部化脓坏死，可能引起蹄壳脱落，病猪患肢不能着地，常卧地不起。部分病猪的口腔黏膜（包括舌、唇、齿龈、咽、腭）、鼻盘和哺乳母猪的乳头，也可见到水泡和烂斑（图 5-1）。

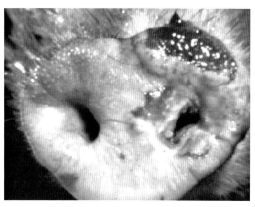

图 5-1　鼻端水疱破溃　（高山等）

吃奶仔猪患口蹄疫时，通常很少见到水疱和烂斑，呈急性胃肠炎和心肌炎突然死亡，病

死率可达 60%~80%，病程稍长者亦可见到口腔（齿龈、唇、舌等）及鼻面上有水泡和糜烂。

四、病理变化

病猪除口腔和蹄部的水泡和烂斑外，在咽喉、气管、支气管和前胃黏膜有时也可见到圆形烂斑和溃疡，真胃和肠黏膜可见出血性炎症。心包膜有弥漫性或斑点状出血，心肌松软，心肌切面有灰白色或淡黄色的斑点或条纹，与正常心肌相间，呈现红黄相间的花纹，叫"虎斑心"（具有诊断意义）。

五、防治措施

（1）做好平时的预防工作。在有口蹄疫流行的地区，有计划地搞好预防接种。平时加强检疫和疫病普查工作。如疑为口蹄疫时，立即向上级有关部门报告疫情，并采集病料送检；对发病现场进行封锁，按上级业务部门的规定，执行严格的封锁措施，按"早、快、严、小"的原则处理；对猪舍、环境及猪的饲养管理用具进行严格消毒；对病猪采取隔离，加强护理；体重达到一定重量的病猪，经有关部门批准，可集中屠宰，然后按食品卫生部门的有关法规处理。

（2）发病时一定要作好消毒工作，防止病毒扩散传播，尤其在发病的头几天排毒量最大，病毒可经由消化道、呼吸道及损伤的皮肤、黏膜感染，除了常见的病猪排泄物、病猪或其产品转运、与病猪接触的人、车辆与工具的移动可导致本病扩散，带毒空气也可传播病毒到 50~100 千米以外区域，因此该病可呈现接触式传播，也可出现跳跃式传播。

（3）发病地区可用口蹄疫灭活疫苗进行免疫注射，有一定预防效果，但应注意免疫要选用与发病的病毒型一致的疫苗（可送检水泡皮、水泡液做补体结合试验或血清做中和试验确定病毒型），以达到最好的防控效果。

第二节　猪水疱病

一、概述

猪水疱病是一种由病毒引起的急性、热性传染病。临床特征是在蹄冠、趾间、蹄踵部的皮肤发生水疱和烂斑，部分病猪在鼻盘、口腔黏膜和哺乳母猪的乳头周围也有同样病变。该病传染速度快、发病率高，对养猪业的发展有严重威胁。本病与口蹄疫、水疱性口炎、水疱性疹、猪痘在临床上难以区别，需要实验室检测。

二、流行病学

不同品种、年龄的猪均可感染发病，其他动物不感染。人类有一定的易感性。病猪和带毒猪的粪尿、鼻液、口腔分泌物、水疱皮、水疱液含有大量病毒，通过病猪与易感猪接触，病毒即可经损伤的皮肤、消化道等传入体内。该病一年四季均可发生，在猪群高度集中、调运频繁的单位，传播较快，发病率很高，而病死率很低。

图 5-2　病猪鼻盘部水疱　（高山等）

三、临床症状

病初体温升高，在病猪的蹄冠、趾间、蹄踵部出现一个或几个黄豆至蚕豆大的水疱，继而水疱融合扩大，1~2天后水疱破裂形成溃疡，露出鲜红的溃疡面，常围绕蹄冠皮肤和蹄壳之间裂开，疼痛加剧，跛行明显。严重病例，由于继发细菌感染，局部化脓，造成蹄壳脱落，病猪卧地不起，食欲减退，精神沉郁。在蹄部发生水疱的同时，有的病猪在鼻盘（图5-2）、口腔黏膜和哺乳母猪的乳头周围也出现水疱。有的病猪偶尔出现中枢神经紊乱症状（约占2%）。一般经10天左右可以自愈，但初生仔猪可造成明显死亡。

四、病理变化

在蹄部、鼻部、口黏膜及舌黏膜、乳房等处可见到水疱，但不能与口蹄疫相区别。

五、防治措施

（1）防止病原体传入，不从疫区调入猪只和肉制品，屠宰猪的下脚料和泔水要经过煮沸方可饲喂。

（2）对疫区和受威胁区的猪要定期进行预防注射。

（3）加强检疫、隔离、封锁，收购和调运生猪时应逐头检疫，做到两看（看食

欲和跛行）、三查（查蹄、口、体温），发现病猪，就地处理，不准调出。对其同群猪应注射高免血清，观察 7 天未再发现病猪方能调出。病猪圈要经严格消毒，保持干燥，促进病猪恢复，封锁期限一般从最后 1 头病猪治愈和处理后 14 天才能解除。

（4）病猪产品的处理。病猪肉及其头、蹄不准上市鲜销，应作无害化处理后，方可销售。无症状的同群猪，如不隔离观察 10 天以上，其产品也应同样处理。病猪恢复 21 天以后，其产品可上市销售。

（5）消毒。猪水疱病病毒对一般消毒药的抵抗力较强。经试验证明，0.5% 农福、0.5% 菌毒敌、5% 氨水和 0.5% 次氯酸钠，有良好的消毒效果。

第三节　猪水疱性口炎

一、概述

本病是由水疱性口炎病毒引起的一种急性、热性人畜共患传染病。以在马、牛、猪和某些野生动物的口腔黏膜、舌、唇、乳头和蹄冠部上皮发生水疱为特征。

二、流行病学

本病能侵害多种动物，牛、马、猪较易感。人与病畜接触也易感染本病。病畜和患病的野生动物是主要传染源。病毒从病畜的水疱液和唾液排出，通过损伤的皮肤和黏膜而感染；也可通过消化道感染；还可通过昆虫为媒介由叮咬而感染。病的发生具有明显的季节性，多见于夏季及秋初，而秋末则趋平息。

三、临床症状

患病猪体温升高，口腔和蹄部出现水疱，不久破裂而形成痂块，多发生于舌、唇部、鼻端及蹄冠部，病猪在口腔或蹄部病变严重时，采食受影响，但食欲未消退。有时在蹄部发生溃疡，病灶扩大，可使蹄壳脱落，露出鲜红色出血面。病期约 2 周，转归良好，病灶不留痕迹。

四、防治措施

本病呈良性经过，损害一般不甚严重，只要加强护理，就能很快痊愈。发生本病时，应及时隔离病畜及可疑病畜，疫区严格封锁，一切用具和环境必须消毒。为预防本病的发生，可用当地病畜的组织脏器和血毒制备的结晶紫甘油疫苗或鸡胚结晶紫甘油疫苗进行免疫接种。

第四节　猪痘

一、概述

猪痘又称猪天花，是一种急性、热性传染病。一个月左右的仔猪最易感染，大猪发病少，症状亦轻，一般能自愈。其特征是猪皮肤和黏膜上发生痘疹。

二、流行病学

病猪是本病的主要传染源，多通过损伤的皮肤而感染。猪痘病毒主要由猪血虱传播，多发生于4~6周仔猪及断乳猪，成年猪有抵抗力，很少发病。各种年龄的猪均可感染发病，常呈地方流行性。仔猪发病急，死亡快，死亡率高，成年猪有抵抗力。

图5-3　病猪耳部痘疹　（高涛等）

三、症状及病变

病猪体温升高，精神和食欲不振，鼻、眼有分泌物。痘疹主要在病猪的躯干腹部和四肢内侧以及背部或体侧部等处（图5-3）。皮薄毛少的部位多发。痘疹开始为深红色的硬结节，突出皮肤表面，略呈半球状，表面平整，未见到水疱即形成脓疱，后变成暗棕黄色结痂，最后脱落遗留白色斑块而痊愈，病程10~15天。发病时病猪有痒感，在圈墙壁、栏柱等处摩擦。大多取良性经过，仔猪易造成死亡。

四、防治措施

（1）平时做好猪只饲养管理和圈舍、环境的消毒卫生工作。消灭血虱，杀灭蚊、蝇有重要预防作用。

（2）对病猪做全身和局部对症治疗，可试用康复猪血清或痊愈血治疗，每头成年猪 5～10 毫升，小猪 2～4 毫升；用抗生素防止继发感染。康复可获得坚强的免疫力。

第五节　仔猪渗出性皮炎

一、概述

本病多数由于有致病性的葡萄球菌参与引起的，以哺乳仔猪和刚断奶仔猪急性和超急性传染，全身皮炎为特征的疾病，可导致腹水和死亡，主要发生于哺乳仔猪。

二、流行病学

本病有一定的季节性，夏季产仔时多发。本菌正常情况下在健康猪的表皮，母猪阴道内，仔猪通过产道即可感染；再有圈舍潮湿，通风不良，消毒不严，饲养密度加大是诱因。各种各样对皮肤的损伤都可以引起真皮的外露，遭到细菌的侵袭。

三、临床症状

最急性型表现为全身皮肤发红，潮湿，油腻。急性型精神不振，皮肤潮红，表皮层剥脱，干裂，裂缝处皮肤发红，有油腻的皮脂和血清渗出，皮肤上有一层褐色的痂皮，气味难闻。皮肤皱缩。无痛感和痒感。慢性型在耳后、鼻端、眼周围和蹄冠等无毛或少毛处有红色斑点、水疱、溃疡，皮肤上有一层灰尘样物质，干裂。严重的全身皮肤上有一层褐色的痂皮，干裂、被毛粗、像刺猬，行动不便，吃奶减少，消瘦。无痛感和痒感。

四、病理变化

主要发生于哺乳仔猪。尸体消瘦，皮肤油脂，病初皮肤较薄处，如耳背、眼周围、腹部等（图 5-4 至图 5-6），出现红点、丘疹、水疱、溃疡。随后脱水、干裂、有皮屑，裂缝有油性分泌物，气味难闻，形成褐色痂皮，被毛粗硬。淋巴结肿大，肾盂内有黏液或结晶物质沉积。

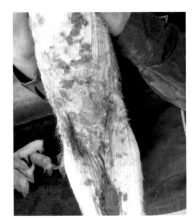

图 5-4　病猪下腹部皮炎

图 5-5　头面部、腹部、腿部皮炎　　　　　　　图 5-6　耳部皮炎

五、防治措施

（1）产仔舍干燥、卫生、定期消毒。圈舍墙壁、地面不能有针刺物，避免损伤皮肤。

（2）做好妊娠母猪的驱虫工作，发现病猪立即隔离。

（3）母猪进入产房前要进行全身消毒，产前一周和产后一周添加抗葡萄球菌的药物。

（4）应做到早发现、早治疗，供给充足的饮水。用抗生素之前，先做药敏试验，选择敏感性高的药物。

第六节　猪坏死杆菌病

一、概述

猪坏死杆菌病是由坏死杆菌引起的各种哺乳动物和禽的一种创伤性传染病。该病的特征是在损伤的皮肤和皮下组织、口腔和胃肠道黏膜发生坏死，并可在内脏器官形成转移性坏死灶。本病一般呈慢性经过，多为散发。

二、流行病学

坏死杆菌可侵害多种动物，家养的动物中，以猪、牛、绵羊、马最易感。病畜和带菌动物为传染性来源。病畜的肢蹄、躯体皮肤、口腔黏膜发生坏死性炎症，病菌随患部的渗出物、分泌物和坏死组织污染周围环境，成为传染媒介。健康动物的粪便中可带菌，也可起着传播的媒介作用。本病主要经过损伤的皮肤和黏膜（口腔）而感染。环境卫生差，潮湿，多雨季节易发生。

三、临床症状

猪坏死杆菌病，可因感染的途径和部位不同，临诊表现也有不同。

坏死性皮炎多见于架子猪和仔猪。其特征症状为皮肤及皮下发生坏死和溃疡。如果转移到内脏器官或有某种病继发感染时，病猪则出现全身症状。母猪还可以发生乳头和乳房皮肤坏死，甚至乳腺坏死。坏死杆菌侵害受伤的口腔黏膜，可发生坏死性口炎，仔猪多发。发生在咽喉部时，病猪不能吃食和吞咽，呼吸困难，下颌水肿。如果病变蔓延到肺部或坏死物吸入肺内，可形成化脓性肺炎，常导致病猪死亡。坏死性肠炎时病猪临诊上表现为严重腹泻，逐渐消瘦等全身症状。常可排出带脓样黏稠稀便，或混杂坏死黏膜，恶臭。坏死性鼻炎以仔猪和育肥猪多发。表现为咳嗽，呼吸困难，鼻黏膜发炎、溃疡，表面覆盖有黄白色假膜。坏死性蹄炎可因猪舍潮湿、粪污、泥泞，且有某种刺扎伤时，才可能发生。患口蹄疫的病猪，常可继发坏死性蹄炎，蹄部坏死、

图 5-7　患病猪剥脱假膜，可见其下露出不规则的溃疡灶，容易出血

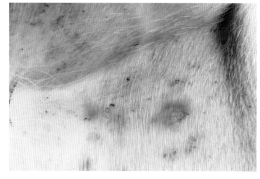

图 5-8　患病猪皮肤及皮下发生坏死和溃疡

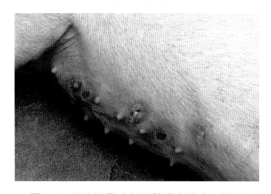

图 5-9　患病猪乳房部皮肤发生溃疡、坏死

图 5-10　患病猪猪蹄冠、蹄枕热痛肿胀，蹄冠、蹄叉间有裂缝，裂缝中有少量分泌物，甚至蹄壳由肢端脱落

溃烂，跛行或不能站立，重者导致蹄匣脱落。

四、病理变化

猪坏死杆菌病的病理变化主要表现为受害器官上有数量不等、大小不同的灰黄色坏死结节，切面多干燥。坏死性肠炎时可见肠道黏膜坏死和溃疡，溃疡表面覆盖坏死假膜，剥离后可见大小不等的不规则的溃疡灶。

五、防治措施

（1）防止本病发生，关键是避免猪的皮肤和黏膜发生损伤。要求饲养人员做好平时的饲养管理工作，搞好环境卫生；及时清除粪便，保持圈舍清洁、干燥，定期消毒；一旦发现猪只有外伤时，应及时进行处治。发病猪舍，要清除猪圈污水、污物，并进行严格的消毒。病死猪及病猪腐败组织及时深埋，其上撒盖漂白粉或生石灰。

（2）一旦发现猪只患病，应及时隔离治疗，主要是局部治疗，并配合全身疗法。将病猪隔离在清洁干燥的猪圈内，根据不同部位的病变，进行局部处治。全身治疗主要是控制病情，防止继发感染。可注射土霉素、四环素、青霉素和磺胺类等抗菌消炎药物。此外，还应配合强心、补液、解毒等对症疗法。

第七节　猪丹毒

一、概述

猪丹毒是由丹毒杆菌引起的一种急性、热性传染病，俗称"打火印"。临床表现为急性败血型、亚急性疹块型和慢性心内膜炎型。该病是人畜共患病之一。

二、流行病学

本病在北方地区以夏季炎热、多雨季节流行最盛，而在南方地区则在冬春季节流行。以4～6月龄的架子猪发病最多；在流行初期猪群中，往往突然死亡1～2头健壮大猪，以后出现较多的发病或死亡病猪。病猪和带菌猪是最主要的传染源。猪丹毒杆菌可随粪、尿、唾液和鼻分泌物排出体外，经消化道和损伤的皮肤而感染。蚊、蝇等昆虫可作为传播媒介。

三、临床症状

急性败血症型见于流行初期，以突然暴发、急性经过和高死亡率为特征。个别健壮猪突然死亡，多数病猪体温突然升高；结膜充血；粪干附有黏液。耳、颈、背皮肤潮红、发紫。临死前腋下、股内、腹内有不规则鲜红色斑块，指压褪色后而融合一起。亚急性型猪丹毒，皮肤表面出现疹块是特征症状（图 5-11），在其胸侧、背部、

图 5-11　病猪皮肤出现疹块　（邹杰等）

颈部至全身出现界限明显、圆形、四边形、有热感的疹块，俗称"打火印"，指压褪色，干枯后形成棕色痂皮。经过 1 ~ 2 周恢复，病死率 1% ~ 2%。慢性型多由急性或亚急性转化而来，主要表现为浆液性四肢关节炎、心内膜炎和皮肤坏死 3 种，浆液性关节炎常发生于腕关节和跗关节，以关节变形为主，呈现一肢或两肢的跛行或卧地不起。心内膜炎主要表现心脏听诊有杂音，心跳加速、亢进，心律不齐，呼吸急促。此种病猪不能治愈，通常由于心脏麻痹突然倒地死亡。皮肤坏死常常发生在肩、背、耳及尾部。坏死的局部皮肤变黑，干硬，犹如一层甲壳。最后脱落，遗留一片无毛而色淡的瘢痕。

四、病理变化

急性病例皮肤上有形状不同和大小不一红斑，脾肿大，呈樱桃红色。肾淤血肿大，呈暗红色，有出血点，有"大紫肾"之称；胃及十二指肠黏膜有不同程度的充血和出血，全身淋巴结充血、肿胀。心脏内外膜均有小点状出血。亚急性病例主要病变是皮肤上有坏死性疹块。慢性型病变特征是房室瓣膜常有疣状心内膜炎，有灰白色增生物，呈菜花样，关节肿大，关节腔内有纤维素性渗出物。

五、防治措施

（1）本病是一种细菌病，常规的抗生素治疗有效，首选药物为青霉素类（阿莫西林）、头孢类（头孢噻呋钠）。对该细菌应一次性给予足够药量，以迅速达到有效血药浓度。此外，用四环素、林可霉素、泰乐菌素治疗也取得满意的效果。也可用抗血清疗法，23 千克以下的猪为 5 ~ 10 毫升，45 千克以上的猪为 20 ~ 40 毫升。

（2）如果生长猪群不断发病，则有必要采取免疫接种，选用二联苗或三联苗，8 周龄一次，10 ~ 12 周龄最好再做一次。

（3）加强管理和消毒工作，猪舍及用具保持清洁，定期消毒。提倡自繁自养，全进全出。加强对猪群观察，发现病猪，立即隔离治疗。病死猪深埋做无害化处理，污染的场地和用具彻底消毒，确定的疫区要封锁，粪便堆积发酵处理。

第八节 猪疥螨病

一、概述

猪疥螨病是由于疥螨寄生于猪的皮肤内引起的慢性皮肤病（图5-12），以剧痒和皮肤炎为特征。

二、流行病学

猪疥螨病是健康猪接触病猪或通过使用带疥螨病的猪舍和用具二感染，病猪脱落的皮屑也可感染。本病主要发生在秋、冬季节，特别是阴雨寒冷天气，蔓延最广，发病最为严重，幼畜较成畜易感，且症状更严重，随年龄的增长，免疫性逐渐增强。

三、临床症状

5月龄以下的猪发病较多，由头部颊部和耳朵开始,可蔓延到腹部和四肢(图5-13)。病猪表现剧痒而到处擦痒而出血，被毛脱落，出现痂皮，皮肤增厚，严重时皮肤出现皱褶、龟裂。

图 5-12 猪疥满的
形态 （高山等）

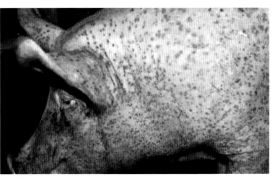

图 5-13 病猪全身皮肤皮疹 （高山等）

四、防治措施

为减少本病的发生，猪群饲养密度不要过大，定期消毒圈舍、用具等，保持圈舍干燥、透光和通风良好。病猪及时隔离治疗。引入的猪群应先隔离观察一段时间，并做螨病检查，无病方可入群。发生本病时可用敌百虫溶液、皮蝇磷、双甲脒和拟除虫菊酯类药物进行涂擦。也可皮下注射伊维菌素进行治疗。发病后除对病猪群进行治疗外，一定要对病猪的猪舍进行彻底的杀虫和消毒，以防本病的复发。

第九节　猪血虱

一、概述

猪虱吸取猪体血液寄生，引起猪体表机械性损伤和营养消耗，造成猪只生长缓慢，饲料报酬下降。

二、流行病学

猪虱主要通过直接接触传播，此外还可通过各种用具、褥草、饲养人员等间接传播。饲养管理和卫生条件差的畜群，虱较多。

三、临床症状

猪虱以猪血液为食，吸血时分泌毒素，刺透皮肤损伤血管，引起猪皮肤发痒、不安，影响采食和休息。病猪摩擦发痒部位，使皮肤出现小结节。当猪虱严重侵袭时，可引起皮肤发炎，蜕皮和脱毛现象。仔猪由于皮肤薄嫩，感染的症状比较严重，可影响到仔猪的生长发育。

四、防治措施

平时加强饲养管理，保持猪舍和猪体的清洁卫生，经常仔细检查猪群，早期发现病原体，及时治疗。

发现该病时，可用拟除虫菊酯类杀虫剂、敌百虫等杀虫药物杀灭猪体的虱，并可用于猪舍灭虱。冬季以粉剂杀虫药为宜，如常用的灭害灵等。也可皮下注射伊维菌素进行治疗。

>> 第六章
常见猪外科疾病

第一节　脓肿

在猪的任何组织或器官中形成的局限性蓄脓腔洞称脓肿。

一、病因

各种化脓菌通过损伤的皮肤或黏膜进机体内而发病。常见的原因是肌内或皮下注射时消毒不严，尖锐物体的刺伤或手术时局部造成污染所致（图 6-1）。

二、症状及病变

急性脓肿常伴发急性炎症的症状。如病灶浅在时，局部增温，疼痛，并显著肿胀。病初肿胀为弥漫性的，以后逐渐局限化，四周坚实，中央软化，触之有波动感，以至被毛脱落，皮肤变薄，最后破溃排脓。如病灶在深部，则病初肿胀不明显，但局部稍有炎性水肿，有疼痛反应，指压时有压痕，波动感不明显。慢性脓肿仅有肿胀，缺乏热痛。

三、治疗

病初为消散炎症，局部可用温热疗法，如热敷、蜡疗等，也可涂布软膏一类的药物。同时，用抗生素或磺胺类药物进行全身性的治疗。如果上述疗法不能使炎症消散，可用具有弱刺激性的软膏涂抹患部，如鱼石脂软膏等，目的是

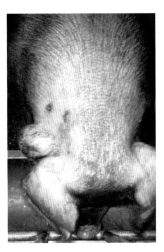

图 6-1　病猪颈部注射部位脓肿（邹杰等）

促进脓肿成熟，当出现波动感时，即表明脓肿已成熟。这时应及时做切开手术，彻底排出脓汁（注意不要强力挤压，应使脓汁自然流出），再用 3% 双氧水或 0.1 高锰酸钾水冲洗干净涂布流膏，以加速坏死组织的净化。

第二节　风湿病

　　风湿病是由于受潮湿寒冷、运动不足等因素作用，主要侵害猪背、腰、四肢的肌肉和关节，同时也侵害蹄真皮和心脏，以及其他组织器官的一种常有反复发作的急性或慢性非化脓性炎症。

一、病因

　　造成风湿病的原因主要是猪舍潮湿、天气寒冷或气候剧变，雨淋、受贼风特别是穿堂风的侵袭、运动和光照不足等而致病。

二、症状及病变

　　常突然发病，容易反复，表现肌肉、关节、筋骨疼痛，天气暖而减轻，天冷则加重，并常有游走性。在运动之初跛行显著，持续运动减轻至消失，休息后再走时显跛行。临诊上根据发病组织和器官不同，将风湿病分为：肌肉风湿病和关节风湿病。

　　（1）肌肉风湿。肌肉风湿时，患猪经常躺卧，不愿起立，运步不灵活，触诊和压迫患部肌肉，表面不光滑、发硬、有温热，并有疼痛反应。转为慢性时，患部肌肉萎缩（图6-2）。

　　（2）关节风湿。关节风湿病常呈对称性表现，多发于肩、肘、枕、膝等活动性较大的关节。急性症状表现为急性滑膜炎的症状，关节囊及周围组织水肿，患病

图6-2　病猪后肢肌肉风湿、跛行　（邹杰等）

关节肿大，有温热和疼痛反应，运步时出现跛行，跛行随运动量的增加而减轻。慢性时，关节组织增生、肥厚，关节变粗，活动范围变小，运步出现强拘。随运动后，如跛行明显减轻即可确诊。

三、防治措施

　　（1）预防。猪舍保持干燥清洁，通风保暖，防止雨淋、贼风和潮湿侵袭，运动充足，

接受阳光照射。

（2）治疗。治疗常用水杨酸钠或复方氨基比林注射液、安痛定注射液、安乃近注射液肌内注射，也可使用地塞米松磷酸钠注射液，局部治疗可采用涂擦刺激剂、温热疗法、电疗法及针灸疗法。

第三节　疝

一、概述

疝是腹部的内脏从自然孔道或病理性破裂孔脱至皮下或其他腔、孔的一种常见病，又叫赫尔亚。疝由疝孔、疝囊、疝内容物组成。疝有先天性和后天性之分。根据疝内容物活动性的不同，分为可复性疝、不可复性疝。按照疝的发生部位，最常见的是脐疝、腹沟阴囊疝、外伤性腹壁疝。

1. 猪脐疝

腹腔脏器通过扩大的脐孔进入皮下，称为脐疝，以仔猪最常见。分先天性和后天性两种。一般是先天性的，疝内容物多为小肠及网膜。

（1）病因。先天性脐疝多因仔猪脐孔发育闭锁不全或没有闭锁，脐孔异常扩大，同时随体型的增长腹压增高，以及内脏本身的重力等因素致病；后天性脐疝多因脐孔闭锁不全，肠鼓气、便秘时的努责或用力过猛的跳跃以及仔猪出生时断脐过度牵引所致。

（2）临床症状。猪的脐部突出一个似核桃、鸡蛋至拳头大的局限性球形肿胀（图6-3），用手按压时柔软，无红热及疼痛等反应，容易把疝内容物由肠管推入腹腔中，此时肿胀消失，当手松开和腹压增高时，又可复原出现。同时能触摸到一个圆形脐轮，仔猪在饱食或挣扎时，脐部肿胀可增大。用听诊器听诊时，可听到肠管蠕动音。如果疝囊内肠管嵌闭，病猪则出现全身症状，如不及时进行手术治疗，常可引起死亡。

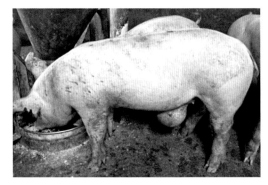

图6-3　病猪脐部疝囊　（邹杰等）

（3）防治措施。可分非手术疗法及手术疗法两类，两种方法各有利弊，要根据病情选择应用。

非手术疗法：凡疝不明显的幼龄猪只，可在摸清疝孔后，用95%酒精或碘液或10%～15%氯化钠溶液等刺激性药物，在疝轮四周分点注射，每点注射3～5毫升，以促使疝孔四周组织发炎而瘢痕化，使疝孔重新闭合。在农村还可采取贴胶布治疗的方法。具体作法是：病猪应停食1顿，仰卧保定，洗净患部，剃毛，待皮肤干燥后，将脱出的肠管缓慢还纳到腹腔中，剪一块比患部大些的胶布，在患部贴牢即可，如胶布脱落可重贴，此法不能治愈时，可考虑手术疗法。

手术疗法：术前给猪停食1～2顿，患部剪毛，洗净，消毒，术部用1%普鲁卡因10～20毫升做浸润麻醉，按无菌操作要求，小心地纵向切开皮肤，钝性分离，将肠管送回腹腔，多余的囊壁及皮肤作对称切除，撒抗菌消炎药于腹腔内，将疝环做荷包式缝合，以封闭疝轮，撒上消炎药。最后结节缝合皮肤，外涂碘酊消毒。如果肠与腹膜粘连。可用外科刀小心地切一小口，用手指伸入进行分离，剥离后再按前述方法处理及缝合。手术结束后，病猪应饲养在干燥清洁的猪圈内，饲喂易消化的稀食，并防止饲喂过饱，限制剧烈跑动，防止腹压过高。手术后用绊带包扎，保持7～10天，可减少复发。

2. 猪腹股沟阴囊疝

腹腔脏器经过腹股沟管进入鞘膜腔时称鞘膜内阴囊疝。有时肠管经腹股沟内孔稍前方的腹壁破裂孔脱至阴囊皮下，总鞘膜外面时，称鞘膜外阴囊疝。因阴囊里有肠管，饱食时就增大，饿食时就缩小，又因肠腔内总是有气体，用手触摸容易感觉肠腔内气体流动，挤压时还可听到咕咕声，所以民间称"通肠猪""气包猪"。本病常见于公猪。

（1）病因。先天性腹股沟管口过大所致，公猪有遗传性；后天性腹压增高，使腹股沟管扩大所致，如爬跨、跳跃、后肢滑走或过度开张及努责等均可引起。

（2）临床症状。鞘膜内阴囊疝时，患侧阴囊明显增大，触诊柔软且无热无痛。可复性的有时能自动还纳，因而阴囊大小不定。如若嵌闭，则阴囊皮肤水肿、发凉，并出现剧烈疝痛症状，若不立即施行手术，就有死亡危险。鞘膜外阴囊疝时，患猪阴囊呈炎性肿胀，开始为可复性的，以后常发生粘连。外部检查时很难与鞘膜内阴囊疝区别，可触诊其扩大了的腹沟外孔（图6-4）。

（3）防治措施。可复性疝：阴囊肿胀、无热痛，柔软有弹性，有压缩性，可摸到腹股沟管外环。嵌闭性疝：阴囊肿大，病畜腹痛，有明显全身症状。

局部麻醉后，将猪后肢吊起，肠管自动缩回腹腔，术部剪毛，洗净，消毒后切开皮肤分离浅层与深层的筋膜，而后将总鞘膜剥离出来，从鞘膜囊的顶端沿纵轴捻转，此时疝内容物逐渐回入腹腔。猪的嵌闭性疝往往有肠粘连、肠膨气，所以，在钝性剥离时要求动作轻巧，稍有疏忽就有剥破的可能。

在剥离时用浸以温灭菌生理盐水的纱布慢慢地分离，对肠管轻压迫，以减少对肠管的刺激，并或减少剥破肠管的危险。在确认还纳全部内容物后，在总鞘膜和精索上打一个去势结，然后切断，将断端缝合到腹股沟环上，若腹股沟环仍很宽大，则必须再做几针结节缝合，皮肤和筋膜分别做结节缝合。

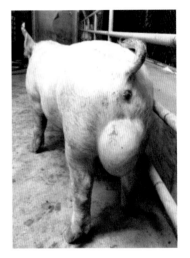

图 6-4　病猪腹股沟疝囊
（邹杰等）

术后不宜喂得过早，过饱，适当控制运动。仔猪的阴囊疝采用皮外闭锁缝合。

3. 猪外伤性腹壁疝

由于打斗、顶撞、跌倒、母猪阉割不当等外伤造成腹肌破裂引起小肠脱出于皮下而发生的，常见于腹侧部或下腹部。

（1）病因。一般因强大钝性暴力作用于腹部导致腹膜或腹壁肌肉破裂形成腹壁疝。阉割母猪时未缝合腹膜和肌肉，肠管及其系膜或其他脏器掉入皮下而形成外伤性腹壁疝。母猪妊娠后期或分娩时难产而强烈努责，腹压过大也可造成腹壁疝（图6-5）。

（2）临床症状。腹壁受伤后突然出现局限性、柔软、富有弹性及热痛的肿胀。发病 2～3 天患部发生炎性肿胀，有热有痛。炎症减退后肿胀变柔软，无热，稍痛，能听到肠蠕动音，外部触诊摸到疝环。可复性者，疝内容物能送回腹腔。发生粘连后则不能完全送回，疝内容物被嵌闭时出现疝痛症状。诊断必须外部检查和直肠检查结合，以便准确地判明疝孔的位置、大小、形状以及脱出脏器是否粘连，从而确定治疗方案。

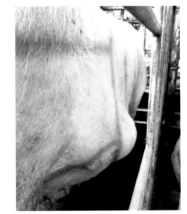

图 6-5　妊娠母猪腹壁疝囊
（邹杰等）

（3）防治措施。腹壁受伤后突发肿胀，肿胀柔软有弹性和压缩性；局部触诊可摸到疝环；听诊有肠蠕动音。

对新发生的，疝孔较小且患部靠上方的可复性疝，可在还纳疝内容物后装置压迫绷带，或在疝孔周围侵占为注入少量酒精等刺激性药剂，令其自愈。除此外，均须采取手术疗法。手术方法是切开疝囊，还纳脱出的脏器，闭锁疝孔，新发生的可复性疝，一般应早期施行手术。但对破口过大，早期修补有困难的病例可在急性炎症消退后再施行手术。如遇嵌闭性疝，必须立即进行手术。凡发病时间较久的疝，往往发生粘连，在切开疝囊时要十分小心，剥离粘连要非常仔细，尽量不损伤肠管。如果剥离时造成肠壁伤口，应立即缝合，如果粘连的肠管发生坏死时，则应截除之，然后进行肠管断端吻合术。闭锁疝孔必须做到确实可靠，不再脱出，尤其是疝孔过大时更注意，为此在切开疝囊时要保留增厚的皮肌，以备修补缺口。闭合疝孔多采用纽扣状缝合，疝孔大腹压也大时，最好能借助皮肌用重叠纽扣状缝合法闭合。

第四节　直肠脱

本病是指连接肛门的直肠，一部分脱出肛门之外，又叫脱肛。

一、病因

主要由于便秘、腹泻、病后体弱及用刺激性药物灌肠后引起强烈努责，或慢性便秘或下痢，母猪妊娠后期等，强烈努责，腹内压增高，肛门括约肌松弛，促使直肠一部分或大部分由肛门向外翻出，不能自行缩回。

二、临床症状

可观察到病猪频频努责，有排类姿势，直肠脱出物呈回筒状下垂，初期黏膜颜色鲜红，然后淤血水肿，暗红紫色，表面污秽，甚至出血、糜烂、坏死（图6-6）。病重的猪吃食减少，排粪困难。

三、防治措施

（1）预防。改善饲养管理，防止便秘或下痢，脱出后必须及时整复。

（2）治疗。

整复法：温热的 0.1% ~ 0.2% 的高锰酸钾或 10% 高渗食盐水、1% ~ 2% 明矾水清洗净脱出的直肠，以针头刺破水肿的黏膜，挤出水肿液，将坏死的黏膜和水肿黏膜剪去，注意不要剪破直肠的肌层和浆膜。用药液清洗，送回肛门，肛门荷包式缝合，或用普鲁卡因后海穴注射，或用 95% 酒精直肠周围注射，以防再脱。

直肠部分截除术：脱出的肠管已经坏死、穿孔，可手术切除。清洗术部、消毒、麻醉、于肛门处正常肠管上，用消毒的两根长封闭针，呈十字形穿过固定肠管，在针后 2 厘米处横行切除脱出的肠管，充分止血，于环形的两层肠管断端行全层结节缝合，涂布碘甘油，拔出固定针，将肠管还纳肛门内。可行尾荐椎硬膜外封闭，以防止努责。术后全身应用抗菌药物。

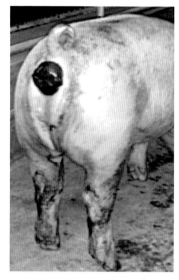

图 6-6　病猪直肠脱出肛门外
（邹杰等）

>> 第七章
常见猪内科疾病

第一节　日射病与热射病

一、概述

炎夏季节，因头部受阳光照射，引起脑及脑膜充血和脑实质的急性病变，导致中枢神经系统机能严重障碍的现象，称日射病。因潮湿闷热，通风不良，新陈代谢旺盛，产热增多，散热少，体内积热，引起严重的中枢神经系统紊乱的现象，称为热射病。日射病与热射病统称为中暑。本病多发于夏季，由于猪皮下脂肪较厚，对高温的耐受性差，因此，本病导致猪的死亡率较高。

二、病因

主要由于炎热季节日光过强，环境温度和湿度过高，猪圈通风不良，饲养密度过大，饮水不足，长途运输，脂肪肥厚，体质虚弱，被毛粗厚，心力衰竭等因素造成机体产热增加而散热减少，导致该疾病发生。

三、症状

本病的病情发展迅速，病程短促，最短的在 2 ~ 3 小时内死亡，有的在 2 ~ 3 天内死亡。病初往往表现烦躁不安、喜饮、走路不稳等，之后表现共济失调、走路摇晃、站立不稳、皮温增高、心跳和呼吸加快、心音亢进、脉搏小而弱、呼吸深而急促、黏膜发绀、濒死猪静脉萎陷、呼吸浅表无力，肺部可听到湿啰音。多数病例表现不安、意识障碍、卧地不起、四肢划动、瞳孔先散大后缩小。皮肤、角膜、肛门反射消失，腱反射亢进，最后意识丧失。血液中乳酸和酮体含量增高，钠盐和磷酸盐排出增多及氯化物丧失。血液浓缩，容易凝固。

四、病理变化

脑及脑膜的血管高度充血水肿及广泛性出血，脑脊液增多，肺充血和水肿，胸膜、心包膜和肠黏膜有淤血斑和浆液性炎症的病理变化。在日射病中，还可见到紫外线导致组织蛋白性和白细胞及皮肤新生上皮的分解。

五、防治措施

防暑降温，保证圈舍干燥，给予充足的饮水，保持通风良好和合理饲养密度。在炎热夏季，可在饮水中加电解质和多种维生素。治疗可去除致病因素、强心补液，防止肺水肿，加强饲养管理。

第二节　新生仔猪溶血病

一、概述

新生仔猪溶血病是由新生仔猪吃初乳而引起红细胞溶解的一种急性、溶血性疾病。仔猪以贫血、黄疸和血红蛋白尿为特征，致死率可达100%。

二、临床症状

仔猪足月顺产、精神活泼，往往采食母猪初乳后不久出现全窝仔猪溶血性黄疸病。临床表现贫血、黄染、精神和食欲不佳。最急性病例在新生仔猪吸吮初乳数小时后呈急性贫血而死亡。急性病例在吃初乳后24～48小时出现症状，表现为精神委顿、畏寒震颤、后躯摇晃、尖叫、皮肤苍白、结膜黄染、尿色透明呈棕红色。血液稀薄，不易凝固，血红蛋白降低，红细胞数降低，大小不均。呼吸、心跳加快，多数病猪于2～3天内死亡。亚临床病例不表现症状，查血时才发现溶血。

三、病理变化

皮下及皮下组织高度黄染，肠系膜、网膜、腹膜及大小肠均为黄色。黏膜及浆膜有出血性斑点散在，集合淋巴结肿大，心脏黄染。两侧肺下缘有黄色胶样浸润；肝脏肿为1～2倍，发硬呈黄紫色，切开后有淡红黄色液体流出。脾脏肿大1～2倍，包膜下有不同程度的出血斑点，实质脆易碎；肾脏皮质、髓质及肾盂发黑紫色；膀胱充满红黄色或茶色血红蛋白尿。

四、防治措施

发生仔猪溶血病的母猪，以后改换其他种公猪配种。发生仔猪溶血病的配种公猪，应停止配种，淘汰处理。发现仔猪溶血病后，立即全窝仔猪停止吸吮原母猪的奶，由

其他母猪代哺乳，或人工哺乳，可使病情减轻，逐渐痊愈。重病仔猪，可选用地塞米松、氢化可的松等皮质类固醇配合葡萄糖酸治疗，以抑制免疫反应和抗休克。发病后可对症治疗，一般采用强心、输液等。

第三节　胃溃疡

一、概述

胃溃疡是指急性消化不良与胃出血引起胃黏膜局部组织糜烂、坏死或自体消化，从而形成圆形溃疡面，甚至胃穿孔，又称消化性溃疡。

二、流行病学

本病多因胃溃疡引起胃出血而被发现。多发生于 3 ~ 8 月龄生长发育快速的猪。猪因霉菌感染所致的胃溃疡比例较高，断奶前后仔猪最易发病。

三、临床症状

最急性型多因运输等应激因素造成，突然死亡。急性型突然吐血、排煤焦油样血便、体温下降、呼吸急促、腹痛不安、体表和黏膜苍白、体质虚弱、终因虚脱而死亡。因胃穿孔引起腹膜炎时，则 1 ~ 3 天内死亡。亚急性型表现阶段性厌食，有时磨牙或呕吐、贫血，可视黏膜苍白，粪便由黑色黏糊状成为被覆黏液的干小黑粪球。未死亡的病猪则转为慢性病理过程，可见厌食、渐进性消瘦，贫血，体重减轻，饲料报酬降低，成为僵猪。

四、病理变化

胃黏膜出血，胃底部有形态不一的糜烂斑点和界限分明、边缘整齐的圆形溃疡（图 7-1）。胃内有血块及未凝固的新鲜血液，有纤维素渗出物，肠内也常发现新鲜血液。病猪的胃常比正常的有更多的液

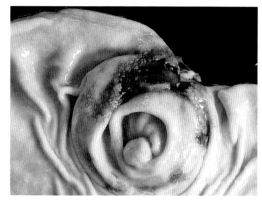

图 7-1　胃底黏膜糜烂

体内容物；也有胆汁自十二指肠逆流至胃使胃黏膜黄染。

五、防治措施

（1）预防本病最重要的是消除诱发胃溃疡的因素。饲料不可磨得太细，饲料应避免受潮发霉，减少或避免应激因素对猪只的刺激。

（2）治疗时首先要消除发病因素，中和胃酸、保护胃黏膜。症状较轻的病猪，应保持安静，减轻应激反应。可注射镇静药。中和胃酸可用氢氧化铝硅酸镁或氧化镁等抗酸剂，使胃内容物的酸度下降。保护溃疡面，防止出血，促进愈合，可于饲喂前投服次硝酸铋。此外，为维持食糜的正常排空，可用聚丙烯酸钠混于饲料中饲服。如果病猪极度贫血，证实为胃穿孔或弥漫性腹膜炎，则失去治疗价值，宜及早淘汰。

第四节　胃肠炎

一、概述

胃肠炎是指胃肠黏膜表层和深层组织的重剧的炎症。由于胃炎、肠炎多同时发生或相继发生，故合称胃肠炎。本病以体温升高、剧烈腹泻及全身症状重剧为特征。

二、病因

主要由于喂给腐烂变质、发霉、不清洁、冰冻饲料，或误食有毒植物及酸、碱、砷等化学药物而发病。

三、临床症状

病初精神委靡，多呈现消化不良的症状，以后逐渐或迅速呈现胃肠炎的症状。食欲废绝，饮欲增加，鼻盘干燥。多数腹泻，粪便恶臭，混有黏液、血丝或气泡，重症时肛门失禁，呈现里急后重现象。可视黏膜初暗红带黄色，以后则变为青紫。口腔干燥，气味恶臭。舌面皱缩，被覆多量黄腻或白色舌苔。

四、防治措施

（1）预防。加强饲养管理，不喂变质和有刺激性的饲料，定时定量喂食。猪圈保持清洁干燥。发现消化不良，及早治疗，以防加重转为胃肠炎。

（2）治疗。首先应除去病因，着重抑菌消炎，配合强心、补液、解毒及清理胃肠。可内服氨节青霉素、新霉素、黄连素、庆大霉素。中草药白头翁 35 克、黄柏 70 克，加适量水煎后灌服；紫皮大蒜 1 头，捣碎后加白酒 50 毫升口服，也能收到较好的效果。胃肠炎缓解后可适当应用健胃剂。

第五节　肠便秘

一、概述

猪肠便秘是由于肠弛缓，粪便在肠腔内停滞变干变硬，使肠腔完全阻塞的一种腹痛性疾病。本病发生于各种猪。而以小猪较多发，便秘部位通常在结肠。

二、病因

首先，多为喂给干硬不易消化的饲料和含粗纤维过多的饲料，或喂粗料过多而青饲料不足。其次，饲料不洁，饲料中混杂多量泥沙或其他异物。突然变换饲料，饮水和运动不足。再次，以纯米糠饲喂刚断乳的仔猪、妊娠后期或分娩不久伴有肠弛缓的母猪。最后，某些传染病或其他热性病、慢性胃肠病经过中，也常继发本病。

图 7-2　病猪排出坚硬粪便

三、临床症状

病猪食欲下降，饮欲增强，腹围渐增大，呈现呼吸增数，起卧不安，回顾腹痛表现。病初只排出少量干硬附有黏液的粪球（图 7-2），随后经常做排粪姿势，但除排出少量黏液外，并无粪便排出（图 7-3）。时间稍长，则直肠黏膜水肿，肛门突出。腹部听诊，肠音减弱或消失，对体小或较瘦的病猪，通过腹部触诊，能摸到大肠内干硬的粪块，按压时病猪表现

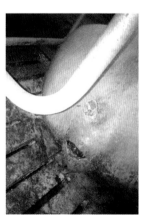

图 7-3　病猪排粪困难

疼痛不安。严重病例，直肠内充满大量粪球压迫膀胱颈，可导致尿潴留而停止排尿。如无并发症，一般体温变化不大。

四、防治措施

（1）预防。应从改善饲养管理着手，合理配合日粮，给予充足的饮水、适量的食盐和适当的运动。

（2）治疗。以疏导肠管，使结粪变形或排出，可采用药物、直肠按摩、灌肠等方法。对病猪应停饲或仅给少量青绿多汁饲料，饮以大量温水。反复深部灌肠，配合腹部按摩，一般均能奏效。

第六节　肠套叠

一、概述

肠套叠即一段肠管套入邻近的肠管内，临床表现为动物突然开始剧烈腹痛，然后逐渐趋于缓和，甚至死亡。本病大多发生于哺乳或断乳后不久的仔猪。套叠的肠段以十二指肠和空肠较为常见，偶尔见于回肠套入盲肠。由于发病迅速，往往来不及确诊而死亡。

二、病因

在哺乳仔猪由于母猪泌乳不足的情况下或断奶初期的仔猪从母乳过渡到固态饲料的过程中，易发生肠套叠。剧烈的机械性刺激或猪只被强烈追赶、堵截，或在奔跑时摔倒或跳跃，或在被捉逮时过分的挣扎，肠管在剧烈的振荡中都易发生肠套叠。由于肠道存在炎症、寄生虫感染、肿瘤及肠粘连时也易发生肠套叠。

三、临床症状

病猪突然发生剧烈的腹痛，不食，常翻倒滚转，鸣叫，四肢划动，或跪地爬行，也有腹部收缩，背拱起，或前肢伏地，头抵于地面，卧立不安，不断嘶叫，呻吟。初期频频排粪，后期停止排粪，常排出黏液。压腹部有疼痛，膘情不厚的猪只，触诊时可摸到香肠样的肠段。体温一般正常，但并发肠炎或肠坏死时，体温可轻度上升。结膜充血，呼吸及脉搏数增加，十二指肠套叠时常发生呕吐。

四、防治措施

（1）针对发病原因采取相应的预防措施。在发病之初及早进行手术整复，可望痊愈。轻度的肠套叠可能自行恢复，严重的肠套叠常在数小时内死亡，慢性的常伴发肠壁坏死预后不良，早期确诊后施行手术整复有治愈希望。

（2）对病猪虽注射阿托品可缓解肠痉挛症状，但不易完全恢复。对哺乳仔猪应加强饲养管理。保证仔猪饲料的营养品质，不喂给有刺激性饲料；要使母猪泌乳正常，注意饮温水（尤其天冷时）。禁止粗暴追赶，捕捉、按压，不给猪过冷的饲料和饮水，如遇骤冷天气注意保暖，避免因受寒冷刺激而激发肠痉挛。积极治疗仔猪的肠道疾病，调整胃肠道功能紊乱，减少刺激。

第七节　肠扭转

一、概述

肠扭转由于猪体位置发生改变，肠管沿其纵轴或以肠系膜基部为轴发生不同程度的索状扭转。肠管也可沿横轴发生折转，称为折叠，造成肠管变位而形成阻塞不通。常发生于空肠和盲肠。

二、病因

一般认为与肠痉挛和肠弛缓等肠运动失调有密切关系，过冷的食物和水，刺激部分肠管产生痉挛性的剧烈蠕动，而其他部分肠管处于弛缓状态，前段肠管内的食物迅速向后移动，若此时猪处于被追赶状态，猛跑中摔倒或跳跃。肠管内食物不均衡时，在频繁起卧或打滚时，肠管在剧烈的振荡中易发生扭转或缠结。

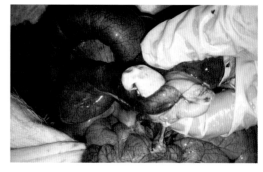

图 7-4　扭转导致部分肠段臌气

三、临床症状

食欲废绝，起卧不安，甚至打滚，嘶叫，部分肠管膨胀（图 7-4）。若空肠扭转短时间尚有排粪，若盲肠扭转时不排粪，体温一般无变化，当疼痛剧烈翻滚、四肢乱蹬时可达 40℃或以上。按压腹部有固定的痛点，叩诊腹壁可听到鼓音。

四、防治措施

早期确诊后尽快施行手术疗法整复肠管或剖腹切除坏死肠管做吻合术，并对扭转缠结的局部肠管涂以油剂青霉素防止粘连，缝合后每天注射抗生素，严禁投喂泻剂以免引起胃肠蠕动加重病情。及时应用镇痛剂减轻疼痛，注意调整脱水状态和酸碱平衡维持血容量和血液循环功能，防止发生休克。不要喂过冷的饲料和水，猪在运动中不要驱赶过急以防摔倒。

第八节　膀胱炎

一、概述

膀胱炎是膀胱黏膜发生炎症，一般多为卡他性；临床上以尿频、少尿和排尿困难等为主要特征。

二、病因

本病主要由于病原微生物感染而继发，若遇猪感冒或过劳等肌体抵抗力降低时，一些非致病性细菌（如化脓杆菌、葡萄球菌和大肠杆菌等）亦可致本病发生。膀胱临近器官炎症（如子宫炎、阴道炎、肾炎等）蔓延，可引起膀胱黏膜炎症；膀胱若产生结石或肾结石进入膀胱，常因结石的机械刺激而发生膀胱炎；各种有毒物质及尿液在膀胱积蓄时的分解产物和体内代谢产物经尿排泄时，刺激膀胱黏膜而致膀胱炎。

三、临床症状

急性病例，病猪表现排尿疼痛，尿频，屡做排尿姿势，但每次排尿量很少，仅呈滴状流出或不排尿，排出的尿液臊臭，有时混有血液，多在排尿的最后出现。严重病例，表现尿闭、不安、后躯摇摆、精神沉郁、温度升高、食欲废绝，压迫腹部敏感、疼痛，

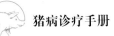

体温一般正常，严重时稍有升高。慢性膀胱炎，一般无明显的排尿困难，病程较长。

四、病理变化

急性膀胱炎可见膀胱黏膜充血、肿胀，有小点状出血、黏膜面有黏液，严重时有出血和溃疡。

五、防治措施

建立严格的卫生管理制度，防止病原微生物的感染；导尿时应严格遵守操作程序和无菌原则；发现泌尿系统和生殖系统疾病，应及早治疗，以防蔓延。治疗主要进行抗菌消炎。

第九节　猪应激综合征

一、概述

猪应激综合征（PSS）是肌体受到内外环境因素的刺激所产生的非特异性的全身防御反应。该病最常发生于密闭式饲养或肉联厂饲养待宰的猪，表现为死亡或屠宰后猪肉苍白、柔软和水分渗出，从而影响猪肉的品质。本病多发于肌肉发达的皮特兰猪和长白猪，给养猪业和屠宰业造成明显的经济损失。

二、病因

与遗传因素、硒缺乏症、内分泌失调、蛋白质缺乏有关。与环境应激有关。如惊吓、捕捉、保定、运输、驱赶、过冷过热、拥挤、混群、噪音、电刺激、感应、空气污染、环境突变、防疫、公猪配种、母猪分娩等。过劳、仔猪断奶也是促进发病因素。夏秋温度过高也可能提高发生率。

三、临床症状

临床上由不良应激引起的急性应激综合征很多，如猪心性急死病、桑葚心猪、应激性肌病、恶性高温综合征、急性胃溃疡、急性大肠杆菌病、咬尾症、咬耳症、母猪无乳症、皮炎、肾病等。

（1）猪心性急死病。它也称致死性昏厥，急性心衰竭。3～5月龄猪最为常见，突然死亡，有的病例可见到病猪疲惫无力，运动僵硬，肌肉震颤，卧地，呈犬坐或跛行。皮肤红一阵白一阵，有的配种时期死亡。有的数分钟死亡。哺乳母猪泌乳减少或无乳，公猪性欲下降。仔猪和育肥猪都可发生，死亡多突然发生于酷热的季节，事先无任何症状。

（2）桑葚心。猪3～5月龄猪最为常见，突然死亡，有的病例可见病猪疲惫无力，运动僵硬，皮肤发红。最典型的病变是心脏广泛出血，心脏外观如桑葚。

（3）应激性肌病。主要发生于育肥猪，特征是宰后肌肉水肿，变性坏死及炎症。轻者生前无症状，严重病例体温升高，呼吸加快，皮肤发红，背部单侧或双侧肿胀，肿胀部位无疼痛反应；肌肉僵硬，震颤，卧地呈犬坐姿势；哺乳母猪泌乳减少或无乳，公猪性欲下降等。

（4）恶性高温综合征。多见于长途运输中的育肥猪，由于生存环境突然改变、拥挤、高温等，使猪发生肺炎或胸膜炎，临床主要表现为呼吸困难，体温升高，全身肌颤，死亡率较高。某些待宰育肥猪，因为使用全身麻醉药物，如氟烷、胆碱等也可引起应激综合征。前期表现肌肉颤抖和尾端发抖，继而表现呼吸困难、体表充血、紫斑，体温迅速升高达43℃，心跳亢进，后肢痉挛收缩；重者进一步发展，导致全身无力，肌肉僵硬，最后死亡。

（5）急性胃溃疡。由于应激引起胃泌素分泌过度，形成自体消化，出现急性胃溃疡。发病猪表现胆小，神情紧张，有恐惧感等。

（6）急性大肠杆菌病。多见于仔猪，肌体在应激因素作用下，抵抗力下降，导致非特异性炎症，造成仔猪腹泻、下痢，重者也可导致死亡。

四、病理变化

猪应激性肌病可见后肢半腿肌、半膜肌、腰大肌、背最长肌肉苍白，质地疏松和有液体渗出。病猪死后立即发生尸僵，肌肉温度偏高。反复发作而死亡的见背部、腿部肌肉干硬而色深。重者肌肉呈水煮样，松软弹性差，纹理粗糙，严重的肉如烂肉样，手指易插入，切开后有液体渗出。有的多发生前后肢负重的肌肉，病变对称性，轻型的腿肌坏死外观粉红色，湿润多汁，轻挤压有大量淡红色液体渗出。严重的腿肌坏死肉呈灰白色，色暗无光泽，质地硬。

五、防治措施

预防本病的最好的方法是选育优良的品种和科学的饲养管理，淘汰易感猪，减少对猪的各种应激，在可能发生应激之前，使用镇静剂，从而降低应激所致的损伤。治疗采取消除应激因素、镇静和补充皮质激素、防止酸中毒。症状轻微的猪可自行恢复，当病猪皮肤发绀，肌肉僵硬时，必须使用镇静剂、皮质激素和抗应激药物。

>> 第八章
猪营养代谢病

第一节　仔猪缺铁性贫血

一、概述

仔猪贫血是指半月至1月龄哺乳仔猪所发生的一种营养性贫血。主要原因是缺铁，多发生于寒冷的冬末、初春季节的舍饲仔猪，特别是猪舍为木板或水泥地面而未采取补铁措施的猪场内，常大批发生，造成严重的损失。

二、病因

病因有以下几种：第一，集约化猪场的母猪，水泥、网床地面致使新生仔猪接触不到土壤中的铁。第二，新生仔猪体内铁的贮存量很低，要比其他动物需要更多的铁。第三，母猪乳内含铁量较低，不足以满足仔猪日生长需要。第四，仔猪快速的生长则决定了仔猪较其他家畜需要更多的营养物质（包括铁），所以，仔猪较其他家畜更易发生缺铁性贫血症。第五，饲料原料中含铁量下降。另外，铜与铁的运输和利用密切相关。

三、临床症状

病猪可视黏膜呈淡蔷薇色，轻度黄染。严重病例，黏膜苍白如白瓷，光照耳壳呈灰白色，几乎见不到明显的血管，针刺很少出血。呼吸、脉搏均增加，可听到贫血性心杂音，稍加运动，则心悸亢进，喘息不止。易继发下痢或与便秘交替出现，嗜睡、衰弱、腹蜷缩。有的仔猪外观很肥胖，生长发育也较快，可在奔跑中突然死亡。

四、病理变化

皮肤及黏膜显著苍白，有时轻度黄染，病程长的多消瘦，胸腹腔积有浆液性及纤维蛋白性液体。实质器官色泽变黄，血液颜色变淡，肌肉色淡，心脏扩张，胃肠和肺常有炎性病变。

五、防治措施

治疗原则是补充外源铁剂，预防本病的主要措施是加强妊娠母猪和哺乳母猪的饲养管理，保证妊娠母猪和哺乳母猪饲料营养的全面性。仔猪从出生后2~3天就需要补铁。增加母猪日粮中的铁，给予仔猪注射以及口服铁，虽能防治仔猪贫血症，但如果用量过大，会影响猪的增重、血磷含量，骨骼灰分也会降低，会使猪发生缺磷症状，严重者还会造成死亡。铁的化学形式不同，其可利用性也不同。硫酸亚铁及氧化铁等，很少或不能被猪利用，在生产中最好不要用以防治仔猪缺铁性贫血症。

第二节　猪硒或维生素 E 缺乏症

一、概述

硒或维生素 E 缺乏的特征性损伤为桑葚心、肝营养不良、肌营养不良、渗出性素质及繁殖力下降等。

二、病因

饲料中含硒量低于 0.05 毫克 / 千克，易导致猪只缺硒。猪日粮中含铜、砷、锌、汞、镉过多，影响硒的吸收。青绿饲料中含有过多的不饱和脂肪酸，则胃肠吸收不饱和脂肪酸增加，其有利于与维生素 E 结合，可引起维生素 E 的缺乏，导致肌、肝的营养不良和坏死。

三、症状及病变

根据国外资料，猪的硒或维生素 E 缺乏症主要表现为肌营养不良（又称白肌病）、营养性肝病（肝营养不良）、桑葚心和渗出性素质等几种类型。母猪的产后无乳、不孕、跛行、皮肤粗糙和新生仔猪体弱，都怀疑与硒和维生素 E 缺乏有关。

肌营养不良（白肌病）：多发生于 20 日龄左右的仔猪，患病仔猪身体健壮而突然发病。体温正常，食欲减退，精神不振，呼吸迫促，喜卧，常突然死亡。病程稍长者，后肢强硬，拱背，行走摇晃，肌肉发抖，有时两前肢跪地前进。部分仔猪出现转圈运动或头向侧转。死后可见骨骼肌呈灰白色条纹，膈肌出现放射状条纹。切面粗糙不平，有坏死灶。心包积水，心肌色淡，尤以左心肌变性最为明显。

营养性肝病：多见于 3 ~ 4 周龄的小猪。急性者在没有先兆症状的情况下而突然死亡。病程较长的，精神沉郁，食欲减退，有呕吐、腹泻症状。有的呼吸困难，耳及胸腹部皮肤发绀。病猪后肢衰弱，臀及腹部皮下水肿。病程长者，多有腹胀、黄疸和发育不良。剖检见皮下组织和内脏黄染，急性病例的肝呈紫黑色，肿大 1 ~ 2 倍，质脆易碎，呈豆腐渣样。慢性病例肝体积缩小，质地硬，表面凹凸不平。

桑葚心：仔猪外观健康，但常突然死亡。体温正常，心跳加快，心律失常。有的病猪皮肤出现不规则的紫红色斑点。剖检见心肌斑点状出血，心肌红斑密集于心外膜和心内膜下层，使心脏在外观上呈紫红色草莓状或桑葚状。肺水肿，胃肠壁水肿，体腔内积有大量易凝固的渗出液。胸腹水明显增多，透明，橙黄色。

四、防治措施

对曾发生过白肌病、肝营养不良和桑葚心的地区或可疑地区，冬天给怀孕母猪补充亚硒酸钠，也可配合维生素 E。为防止仔猪发病，生后 7 日龄、断奶时及断奶后 1 个月，补充亚硒酸钠，也可根据本地区土壤、饲料、动物血的硒含量制定本地区硒的预防量。在病区预防量，仔猪 1 ~ 10 日龄 1 毫克，30 日龄以上哺乳猪和断奶仔猪，每间隔 15 天定期补硒 1 次。

先天性仔猪硒缺乏，不仅对病仔猪用亚硒酸钠注射无效，孕猪后期补硒也难以有效。必须在配种后 60 天以内补硒，每半月 1 次，并在怀孕 2 ~ 2.5 月和产前 15 ~ 25 天分别补充亚硒酸钠。

用亚硒酸钠维生素 E 注射液，仔猪每次肌内注射 1 ~ 2 毫升。硒的治疗量与中毒量很接近，猪肌内注射的致死量每千克体重为 1.2 毫克，猪的体重越大，中毒量越小。因此，不能大小猪一律按千克体重计算。否则会使大猪发生中毒事故。如果发生中毒（注射 2 分钟后，初呕吐、沉郁、呆立不动或喜卧，步履蹒跚，疼痛，结膜发绀，转圈运动；后期瘫痪，呼吸困难，视力严重减退，最后呼吸衰竭死亡），用小量三氧化二砷、加大量饮水，能解除硒中毒。肌内注射二巯基丙醇，每千克体重 2.5 ~ 5 毫克也能减轻硒的毒性。给予高蛋白日粮，如鸡蛋白、黄豆浆、煮黄豆、亚麻籽油可降低硒的毒性。

第三节 猪锌缺乏症

一、概述

猪锌缺乏症是由于饲料中锌缺乏而引起猪的一种营养缺乏性疾病。以生长缓慢、繁殖机能障碍、皮肤表皮增生和皮肤龟裂为特征。它又称皮肤不全角化症。此病常见于生长迅速的仔猪、长期舍饲的育肥猪，饲喂以高钙低锌的饲料，含锌较贫乏的块根饲料，冬季缺乏青绿饲料，或大量施用磷肥或石灰降低植物性饲料对土壤中含锌的吸收和利用，干饲亦可提高发病率。

二、病因

钙对锌有强烈的拮抗作用，如日粮中含钙量过高，会降低锌的吸收，从而原来日粮中够用的锌变成不够用。猪不能采食青饲料，圈养不放牧的猪不能从拱土时摄取锌，致使锌得不到供应。饲料中磷、钼、铁、镁、维生素 D 含量过多，以及不饱和脂肪酸缺乏，也能降低锌的吸收和利用。机体有慢性消耗性疾病，阻碍锌的吸收而引起锌的缺乏。

三、症状及病变

患猪增重速度缓慢，首先在猪腹下、背部、股内侧和四肢关节等部位的皮肤出现对称性红斑，随后发展成为 3 ~ 5 毫米的丘疹，不久覆盖白色鳞屑将变为厚痂。此时，以四肢关节，耳部和尾部周围皮肤最明显，痂皮增厚常发生裂纹或皲裂，容易与皮肤剥离。患畜有轻微的痒感，常继发皮下脓肿，有时出现中度的腹泻。如果日粮锌含量得以纠正时，可在两个星期之中受损皮肤和其他症状就可得到缓解。生产母猪和后备母猪发情延迟（有的产后 150 天也不发情），多数母猪屡配不孕。怀孕母猪常流产或产死胎、畸形胎、甚至木乃伊。公猪性欲减退或无性欲，不愿爬跨。

四、防治措施

在饲料中添加 50 ~ 500 毫克 / 千克的硫酸锌或碳酸锌，即可取得预防作用。对于舍饲生猪，适当补饲不饱和脂肪酸的油类、酵母、糠麸、油饼及动物性饲料，也具有良好作用。注意青绿饲料的搭配，青饲料以干物质计算，每千克饲料平均含锌约30毫克，尤以幼嫩植物含锌量较高。此外，大白菜、萝卜、黄豆含锌量均较高，有条件时可适当添加。对已生病的猪只在饲料中补加 0.02% 碳酸锌饲喂即可，也可用碳酸锌注射液，如每千克体重注射 2 ~ 4 毫克，每日一次，连注 10 天 1 疗程即可痊愈。

第四节　碘缺乏症

碘缺乏症又称为地方性甲状腺肿，是由于饲料和饮水中碘不足而引起的一种慢性营养代谢病。以甲状腺肿大、甲状腺机能减退为特征。

一、病因

发生本病的主要原因是土壤、饲料和饮水中碘不足，一般见于每千克土壤含碘低于 0.2 ~ 2.5 毫克、每升饮水中含量低于 10 微克的地区。另外，某些饲料如十字花科植物、豌豆、亚麻粉、木薯粉及菜籽饼等，因其中含多量的硫氰酸盐、过氯酸盐、硝酸盐等，能与碘竞争进入甲状腺而抑制碘的摄取。当土壤和日粮中钴、铝缺乏，锰、钙、磷、铅、氟、镁、溴过剩，日粮内胡萝卜素和维生素 C 缺乏，以及肌体抵抗力降低时，均能引起间接缺碘，诱发本病。由于妊娠、哺乳和幼畜生长期间，对碘的需要量加大，而造成相对缺碘，也可诱发本病。因此，在临床上可将碘缺乏症分为原发性、继发性碘缺乏症两种。

二、临床症状

甲状腺肿大。小猪生长发育迟缓，生产能力降低；公畜性欲减退，母畜不发情或流产、死胎以及产弱仔，新生仔猪无毛，眼球突出，心跳过速，兴奋性增高，颈部皮肤浆液性水肿，多数在生后数小时内死亡。

三、防治措施

补碘是防治本病的主要方法。碘化钠或碘化钾 0.5 ~ 2 克，每日内服，连用数天，饲料中添加碘盐。预防本病主要是注意日粮中添加足够的碘。

第五节　维生素 A 缺乏症

本病是由维生素 A 缺乏引起的一种慢性营养代谢病，病猪以生长发育不良，视觉障碍和器官黏膜损伤为主要特征。多发于仔猪，常在冬末、初春时发生。

一、病因

原发性缺乏是由于日粮中维生素 A 源或维生素 A 含量不足；饲料加工贮存不当，或贮存时间过长，使维生素 A 被氧化破坏，造成缺乏；饲料中磷酸盐、亚硝酸盐和硝酸盐含量过多；中性脂肪和蛋白质含量不足。由于妊娠、泌乳、生长过快等原因，使肌体对维生素 A 的需要量增加，如果添加量不足，将造成缺乏。继发性缺乏是由于慢性消化不良和肝胆疾病，引起胆汁生成减少和排泄障碍，影响维生素 A 的吸收，造成缺乏。肝功能紊乱，也不利于胡萝卜素的转化和维生素 A 的贮存。另外，猪舍日光不足、通风不良，猪只缺乏运动，常可促发本病。

二、临床症状

病猪表现为皮肤粗糙，皮屑增多，呼吸器官及消化器官黏膜常有不同程度炎症，出现咳嗽、腹泻等，生长发育缓慢，头偏向一侧。重症病例表现共济失调，多为步态摇摆，随后失控，最终后肢瘫痪。有的猪还表现行走僵直、脊柱前凸、痉挛和极度不安。后期发生夜盲症，视力减弱和干眼。妊娠母猪常出现流产和死胎，或产出的仔猪瞎眼、畸形（眼过小）、全身性水肿、体质衰弱，很容易发病和死亡。

三、病理变化

骨的发育不良，长骨变短，颜面骨变形，颅骨、脊椎骨、视神经孔骨骼生长失调。被毛脱落，皮肤角化层厚，皮脂溢出，皮炎。生殖系统和泌尿系统的变化表现为黏膜上皮细胞变为复层鳞状上皮，眼结膜干燥，角膜软化甚至穿孔，神经变性坏死，如视乳头水肿，视网膜变性。怀孕母猪胎盘变性，公猪睾丸退化缩小，精液品质下降。

四、防治措施

本病在规模化猪场中已不多见。改换饲料，补充维生素 A 制剂，保证饲料中含有充足的维生素 A 或胡萝卜素，消除影响维生素 A 吸收利用的不利因素。内服鱼肝油或肌内注射维生素 A 制剂，疗效良好。过量维生素 A 会引起猪的骨骼病变，使用时剂量不要过大。

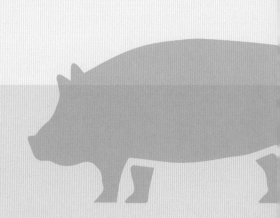

>> 第九章
猪中毒病

第一节　猪亚硝酸盐中毒

一、概述

猪亚硝酸盐中毒，是猪摄入富含硝酸盐、亚硝酸盐过多的饲料或饮水而导致组织缺氧的一种急性、亚急性中毒性疾病。本病常发生于猪吃饱后15分钟到数小时发病，故俗称"饱潲病"或"饱食瘟"。临床特征为可视黏膜发紫、血液呈酱油色、呼吸困难及神经功能紊乱等。

二、临床症状

一般体格健壮、食欲旺盛的猪因采食量大而发病严重。典型急性亚硝酸盐中毒的病猪表现为严重呼吸困难，张口伸舌，口吐白沫，发抖痉挛，后躯无力，站立不稳或呆立不动。因硝酸盐刺激胃肠道而出现胃肠炎症状，如流涎呕吐，腹痛不安，下痢，多尿等。可视黏膜初期苍白，后期发绀，皮肤青紫，刺破耳尖、尾尖等，流出少量酱油色血液。体温正常或偏低，心跳微弱，全身末梢部位发凉。多在1～2小时内死亡。临死前角弓反张，抽搐而死。慢性中毒表现为流产、受胎率低、腹泻，维生素A缺乏症，甲状腺肿大等症状。

三、病理变化

中毒猪尸体腹部多膨满，口鼻青紫，可视黏膜发紫。口鼻流出白色泡沫或淡红色液体，血液呈酱油状，凝固不良。肺膨大，气管和支气管、心外膜和心肌有充血和出血，胃肠黏膜充血、出血及脱落，肠淋巴结肿胀，肝呈暗红色。

四、防治措施

（1）解救。用1%的美蓝液静脉注射或耳根部肌内注射或皮下注射，若注射2小时后仍未好转，可重复注射1次。或用甲苯胺蓝，加灭菌生理盐水稀释成5%的溶液，静脉注射或肌内或皮下注射，也可腹腔注射，此种疗法使高铁血红蛋白还原速度比美蓝快37%。还需要根据病情对症治疗。

（2）预防。青菜类作物喂猪时，最好喂新鲜的，不要堆放太久。变质的不要饲喂；青绿饲料加温时，一定要旺火快速煮熟，煮熟后，揭开盖，多次搅拌，以使亚硝酸盐挥发，

避免中毒。接近收割的青绿饲料，不要使用硝酸类化肥，避免硝酸盐的蓄积。

第二节　猪氢氰酸中毒

一、概述

猪氢氰酸中毒是由于猪采食了富含氰苷的某些植物（如木薯、玉米苗、高粱苗、亚麻籽饼，桃、李、梅、杏的核仁及叶子等）或误服了氰化物而引起的中毒，以前者为多见。氢氰酸中毒的主要特征有极度呼吸困难、肌肉震颤、惊厥综合征的组织中毒性缺氧症。

二、临床症状

病猪呼吸急促，张嘴，伸颈，瞳孔散大，流涎、腹部有痛感，时起时卧，异常不安，有时呈犬坐姿势，有时旋转呕吐。可视黏膜鲜红，皮肤发红。病猪很快由兴奋转为抑制，呼出气有苦杏仁味。继之全身极度衰弱无力，站立、行走不稳，或卧地不起，体温下降。严重者很快失去知觉，后肢麻痹，眼球突出，瞳孔散大，呼吸微弱，脉搏细弱，排尿、痉挛，牙关紧闭。昏迷后头颈向一侧腹下弯曲，最后，终因心动、呼吸麻痹而死。重度中毒从发病到死亡一般数分钟，不超过半小时。中毒轻的可自然耐过。

三、病理变化

猪氢氰酸中毒中毒后主要病变表现为可视黏膜呈樱桃色，血液呈鲜红色、凝固不良，剖检胃内容物可闻到苦杏仁味。体腔和心包腔内常有渗出物，心外膜及各组织器官的浆膜和黏膜有斑点状出血。口鼻流出带有泡沫状的液体，气管和支气管内充满大量淡红色泡沫状液体，支气管黏膜和肺脏充血、出血等。

四、防治措施

（1）解救。用亚硝酸钠静脉注射。随后再注射硫代硫酸钠溶液，或取亚硝酸钠1克，硫代硫酸钠2.5克和蒸馏水50毫升，混匀，静脉注射。中毒轻发现早的，可灌服3%的过氧化氢溶液，或用1%的硫酸铜或吐根酊催吐后，内服10%的硫酸亚铁。或用较大剂量美蓝给病猪注射（静脉）。可收到一定的疗效。呼吸急促时，可用尼可刹米，对心衰者可注射 0.1% 盐酸肾上腺素。若在治疗中同时使用强心剂和维生素 C 等，则能提高实质器官的功能，促进毒物排出。

（2）预防。从饲养管理入手，要限制饲喂大量含有氰苷的植物。用其他的含氰苷类植物做饲料时应进行减毒处理。用亚麻籽饼做饲料时，一定要碾碎，且喂量不宜过多，喂后不要立即大量饮水。

第三节　猪食盐中毒

一、概述

猪食盐中毒又称钠离子中毒，主要是由于采食含过量食盐的饲料，尤其是在饮水不足的情况下而发生的中毒性疾病。本病主要的临床特征是口渴、呼吸困难、精神紊乱和一定的消化紊乱。本病多发于散养的猪，规模化猪场少发。猪内服食盐急性致死量约为每千克体重 2.2 克。

二、临床症状

最急性型肌肉震颤，阵发性惊厥，昏迷，倒地，1~2 天内死亡。急性型临床症状为食欲减少，口渴，流涎，瘙痒，头碰撞物体，步态不稳，转圈运动。大多数病例呈间歇性癫痫样神经症状。神经症状发作时，颈肌抽搐，不断咀嚼流涎，犬坐姿势，张口呼吸，皮肤黏膜发绀，发作过程为 1~5 分钟，一天内可反复发作数次。发作时，肌肉抽搐，体温升高，但一般不超过 40℃，间歇期体温正常。末期后躯麻痹，卧地不起，常在昏迷中死亡。

三、病理变化

剖检可见胃肠黏膜充血、出血、水肿，呈卡他性和出血性炎症，并有小点溃疡，粪便液状或干燥，全身组织及器官水肿，体腔及心包积水，脑水肿显著，并可能有脑软化或早期坏死。

四、防治措施

（1）解救。猪食盐中毒无特效解毒药。要立即停止食用原有的饲料，逐渐补充饮水，

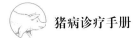

要少量多次给，不要一次性暴饮，以免造成组织进一步水肿，病情加剧。治疗原则是促进食盐的排除，恢复阳离子平衡和对症治疗。为缓和兴奋和痉挛发作，可用硫酸镁、溴化物等镇静解痉药。

（2）预防。配合饲料时，食盐要严格按量供给。限用咸菜水、面浆喂猪，饲喂含盐分较高的饲料时，在严格控制用量的同时供以充足的饮水。用食盐治疗肠阻塞时，掌握好口服用量和水溶解浓度。

第四节　猪棉籽饼中毒

一、概述

猪棉籽饼中毒是指猪长期或大量饲喂含有高浓度榨油后的棉籽饼而引起的中毒，临床上以出血性胃肠炎、全身水肿和血红蛋白尿为主要特征。

二、临诊特征

病初体力衰弱，食欲废绝，下痢，有时有皮肤疹块，病重者食欲减少或废绝，心跳快而弱，呼吸急促而困难，鼻腔流出浆性液体，粪便带有血液，排尿困难，有时带有血尿。有的发现水肿，发生肺水肿时，则出现咳嗽，气喘和流出泡沫性鼻液。毒素损害神经系统时，出现痉挛，步行不稳等。仔猪常腹泻、脱水和惊厥，死亡率高；肥育猪皮肤干燥、皲裂和发绀；怀孕母猪可出现流产、死胎及产畸形仔猪的现象。

三、病理变化

急性中毒时，胸腔和腹腔内积有淡红色的透明渗出液，胃肠道黏膜充血、出血和水肿，甚至肠壁溃烂。肝充血、肿大，肺充血、水肿，心内、外膜有出血，胆囊肿大。慢性者，病猪消瘦，有慢性胃肠炎、肾炎病变。

四、防治措施

（1）解救。发现中毒病猪时，应停喂棉籽饼粕，改为一般饲料，增加青料多汁饲料，并及时用以下方法治疗，并注意护理。用 0.2% 高锰酸钾液或 5% ~ 10% 碳酸氢钠溶液洗胃或灌肠。为了清除胃肠内容物，可以喂服硫酸钠或蓖麻油。发生严重胃肠炎时，可用消炎剂和收敛剂。也可用硫酸亚铁，猪1～2克，一次内服。对症疗法：如心脏衰弱，应用安钠咖，并静脉注射葡萄糖液和复方氯化钠液等，配以维生素更好一些，特别是对视力减弱的患畜，维生素A疗效明显。

（2）预防。用于喂猪的棉籽饼，要选用好棉籽加工成的饼，对未经去毒处理的棉籽饼或棉仁饼皆要限制喂量，间歇饲喂，不宜长期连续饲喂。发生霉变的棉籽饼不能用来喂猪。并且在饲料搭配上，应以混合饲料为主，加喂碳酸钠、骨粉和含维生素多的饲料，要供足钙、铁、蛋白质和维生素A。对妊娠母猪和仔猪应禁喂这种饲料。

第五节　猪酒糟中毒

一、概述

猪酒糟中毒多是因猪长期饲喂酒糟而缺乏其他饲料搭配，或突然大量采食鲜酒糟或酸败酒糟所引起的一种中毒性疾病。

二、临床症状

以胃肠炎、皮炎和神经系统机能障碍为主要特征。急性中毒时，初期体温升高，结膜潮红，狂躁不安，呼吸急促。出现腹痛、腹泻等胃肠炎症状；病猪四肢麻痹，体温降低，卧地不起，多因呼吸中枢麻痹而死亡。慢性中毒表现消化紊乱，便秘或腹泻，血尿，结膜发炎，视力减退甚至失明，出现皮疹和皮炎。病程长者可见黄疸、血尿，怀孕母猪常发生流产。酸类物质引起钙磷代谢障碍，出现骨质软化。

三、病理变化

咽喉黏膜轻度发炎，食道黏膜充血，胃充气，胃黏膜充血、出血，胃内容物有酒精味和醋酸味，十二指肠黏膜有小片脱落、小点出血，空肠、回肠和盲肠出血，肠道内有血液和微量血块，直肠肿胀、黏膜脱落，胆囊壁肿胀，心肌松软，心内膜有出血点。肾脏肿胀、质脆。肺充血、水肿，肝、肾肿胀，质度变脆。脑和脑膜充血，脑实质常有轻度出血，心脏及皮下组织有出血斑。

四、防治措施

（1）解救。目前尚无特效解毒药。发现中毒后应立即停喂酒糟，选用青饲料和配

合饲料喂猪，促进毒物排除，并根据症状进行对症治疗，注意护理。

（2）预防。酒糟应尽可能新鲜喂给，禁喂发霉变质的酒糟，用新鲜酒糟喂猪，不得超过日粮的1/3，妊娠母畜应减少喂量。长期饲喂含酒糟的饲粮时，应适当补充含矿物质的饲料。最好在喂饲酒糟时，搭配一些青饲料，以减轻饲料中的酒精或杂醇油的含量。猪酒糟中毒的解救方案。

第六节　猪马铃薯中毒

一、概述

猪马铃薯中毒是由于猪大量采食了发芽、腐烂的马铃薯块根或马铃薯开花或结果前期的茎叶所致的一种中毒性疾病，以出血性胃肠炎和神经损害为特征。

二、临诊特征

猪采食大量的发芽马铃薯后，在4～7天内即可发病。重症猪是神经症状，轻症猪呈胃肠炎症状。重症猪初期兴奋不安，出现呕吐，腹痛剧烈，而后又转入精神沉郁。兴奋不安时，向前冲撞，狂躁，经短期转为沉郁后则四肢软弱，走路摇摆或倒地，呼吸微弱，可视黏膜发绀，心脏衰竭，瞳孔散大，肌肉痉挛，1～3天即可死亡。轻症猪食欲减退，体温有时升高，低头站立或腹卧，对周围事物无反应，下腹有疹块，当出现胃肠炎时，则剧烈腹泻，粪便中混有血液。母猪泌乳量减少，怀孕母猪多发生流产。

三、病理变化

肠黏膜潮红、出血、坏死甚至脱落，心腔内血液凝固不全，肝脏肿大，胆囊肿大，脾、肾轻度肿大。腹腔积水，血液暗黑色，凝固不全，有时还见肾炎的病理变化。

四、防治措施

（1）解救。目前尚无特效解毒疗法。治疗原则是促进毒物排出，对症治疗。

（2）预防。首先应加强饲养管理，勿让猪吃到已发芽或已腐烂的马铃薯。如需利用，应切去芽、变绿及腐烂的部分，煮熟后再喂；煮时可加入少量食醋，能破坏马铃薯素的存在。1次喂给马铃薯的数量不可太多，应与其他饲料搭配喂给。新鲜的马铃薯嫩芽、茎、叶、花蕾应晒干或青贮后再利用。妊娠猪不应喂给马铃薯，以防止流产。

第七节　猪甘薯黑斑病中毒

一、概述

猪甘薯黑斑病中毒是指猪采食了长有黑斑病的甘薯（地瓜）、苗床腐败的残甘薯或含有黑斑病的甘薯的加工后残渣所致的一种中毒性疾病。5 ~ 7.5 千克的小仔猪发病严重，其次是 10 ~ 15 千克体重的猪，50 千克以上的大猪，仅个别有腹痛症状。

二、临诊特征

小猪易发病，而且症状严重，大猪多呈慢性经过。小猪中毒后，发病较急，食欲废绝，精神沉郁，体温不高。呼吸困难，可视黏膜发绀，心音增强，心律不齐，听诊肺部有水泡音，后期发生气喘。腹部膨胀，肠音减弱，便秘或下痢，有时混有黏液血液。阵发性痉挛，运动障碍，步态不稳。重症病例，体温升高到（41 ~ 42℃），出现明显的神经症状，头抵墙壁，前冲乱撞，或盲目行走，往往倒地抽搐而死。中毒轻的症状在 2 ~ 3 个小时后会自然减轻，1 ~ 2 天恢复食欲。大猪慢性经过 3 ~ 4 天自愈。中毒猪体温正常。

三、病理变化

肺脏膨隆、水肿，肺叶上有斑块状出血，并可见间质性气肿，支气管内充满稀薄液体，切开后流出多量带血的液体及泡沫。严重病例可见肺表面有大小不等的气囊。胆囊肿大，充满黑绿色胆汁，肝脏肿大、质脆。心脏冠状沟出血，胃肠黏膜易剥落，有出血点，肾、脾出血性炎症。

四、防治措施

（1）解救。目前尚无特效解毒药。治疗原则为解毒、缓解呼吸困难。发现病猪，立即停喂黑斑病甘薯，症状较轻的病猪可自行恢复，症状较重者进行对症治疗。

（2）预防。该病为单纯中毒性疾病，因此，在保存甘薯过程中要防止发生霉变。凡是已经霉变的甘薯一律不得喂猪，也不要随便抛弃，应集中销毁。同时要广泛宣传

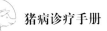

霉变甘薯的危害，清理田地里的甘薯废物，以防猪只误食。不将霉变的甘薯加工品喂猪。为防止发生甘薯黑斑病，收获甘薯时尽量不损伤表皮，将无伤的甘薯贮存于干燥密封的地窖内，温度应控制在 10 ～ 15℃以内，病甘薯应集中处理，不要乱扔，以免猪误食，更不能用有病甘薯喂猪。

第八节　猪蓖麻籽中毒

一、概述

猪蓖麻籽中毒是猪误食蓖麻籽、茎叶或未经处理的蓖麻籽饼所引起的一种中毒病，临床以呕吐、腹痛、排出血粪、血尿、出血性胃肠炎和一定的神经症状为特征。

二、临诊特征

食后 15 分钟至 3 小时发病。轻度中毒，精神沉郁，食欲减退，体温升高（40.5 ～ 41.5℃），呕吐，口吐白沫，腹痛，腹泻带血或黑色恶臭，肠音亢进。心跳加快，呼吸急促，肺部听诊有啰音或喘鸣音，排血红蛋白尿，或膀胱麻痹而尿闭。黄疸明显。卧地不愿起，驱之站立，肌肉震颤，走路摇晃，头抵墙或抵地。严重的，突然倒地，四肢痉挛，头向后仰，不停嘶叫，肌肉震颤，皮肤发绀，尿闭，便血，昏睡，体温降至 37℃以下，最终死亡。

三、病理变化

腹下和股内侧均有红斑点，臀部有粪污、恶臭。皮下脂肪淤血，胸腹水增量，呈黄红色，胸腹膜有出血斑点。心肌弛缓，心冠脂肪、心耳、心内外膜有出血点，右心室有凝固不良的血液。肺膨隆，黑紫色，切开流出多量紫红血液。肝呈黑紫色，质硬脆，切面外翻，流出多量紫红血液，胆囊萎缩，胆汁浓稠，深绿色。脾黑紫色，柔软，背面有少量出血点。肾蓝紫色，质硬，切面外翻，背膜易剥离，皮髓界限不清，肾盂有出血斑点。膀胱充满，外观青紫色，切开尿呈褐色，黏膜有出血点。胃内充满褐色食糜，黏膜脱落，胃壁黑褐色。肠黏膜脱落，肠壁呈褐色或紫红色，盲肠、结肠内充满黏液和血块，回肠肥大 4 ～ 5 倍。肠系膜淋巴结水肿，肝门、胃门淋巴结出血。脑脊液增量，呈黄红色，脑软、硬膜均有出血点。消化道病变最为明显，肠系膜淋巴结肿胀出血。

四、防治措施

（1）解救。治疗原则是应先排出毒物，维持心血管功能及对症疗法。

（2）预防。猪舍或放牧地不要栽种蓖麻，以防猪误食发生中毒。如用蓖麻籽饼喂猪，应将蓖麻籽饼用 6 倍 10% 食盐水浸泡 6 ~ 10 小时，然后用清水漂洗，或将蓖麻饼捣碎渗进适量温水，待离缸口 10 厘米时，盖好木盖并用泥封严，放在热炕或暖屋内 4 ~ 5 天后稍带香酸味时，即可拌加青菜、糠麸喂猪。或用 120 ~ 125℃蒸煮 1.5 ~ 2.5 小时，或在 150℃蒸 1 ~ 2 小时去毒。即使经过去毒处理的蓖麻饼也不应超过日粮的 10% ~ 20%。如初次用蓖麻饼喂猪，应先喂少量而后逐渐增至占日粮的 10% ~ 20%。在中毒后，特效解毒法是用抗蓖麻毒素免疫血清。治疗原则是应先排出毒物，维持心血管功能及采取一些对症疗法。一般不用蓖麻喂猪，必须利用时须经过除毒无害处理。高温煮沸法（100℃煮沸 2 小时）可以破坏其毒素。

第九节　猪有机磷制剂中毒

一、概述

猪有机磷制剂中毒是因猪采食了喷洒有机磷农药不久的蔬菜、瓜果下脚料，田埂边猪草，或用有机磷制剂驱除体内、外寄生虫不当而引起的一种中毒性疾病。临床以大量流涎，流泪，呼吸快速，肌肉震颤为特征。

二、临诊特征

一般在食后 1 ~ 3 小时出现症状，有的可在数分钟内死亡。中毒较轻者表现全身无力，行走不稳，食欲减退，恶心、呕吐、流涎、口吐白沫。有的不断空嚼，腹疼腹泻，肌肉震颤。部分病例 3 ~ 5 天可自愈。严重全身战栗。狂躁不安，盲目运动，行走不稳，步行跛踉。有的转圈，后退、喜卧，可视黏膜苍白，气喘，心跳每分钟 80 ~ 125 次，心律不齐，心音弱。眼流泪，眼球震颤，瞳孔缩小，眼结膜潮红，有的眼斜，静脉怒张，大小便失禁。病重者行走时尖叫后突然倒地，四肢抽搐，有的做游泳动作，昏迷，呼吸麻痹几分钟后或恢复或死亡。

三、病理变化

肝充血，局灶性肝细胞坏死，胆汁淤积，脑水肿、充血，肺水肿，气管及支气管内有大量泡沫样液体，肺胸膜有点状出血。心外膜下出血，心内膜有不整形白斑，心肌断裂、水肿。胃肠黏膜弥漫性出血，胃黏膜易脱落，胃肠内容物有蒜臭味、韭菜味、胡椒味。肠系膜淋巴结肿胀、出血。肾混浊肿胀，被膜不易剥离。

四、防治措施

（1）解救。立即实施特效解毒，促进毒物排出，抑制毒物吸收，同时对症治疗。注意：在有机磷中毒解救过程中，禁止使用热水和肾上腺素、氯丙嗪、酒精、吗啡、巴比妥等药物及内服牛乳、油类和含油脂的东西。忌用泻药。如果胃肠过度膨胀时，应处理膨胀后再用阿托品或同时进行。

（2）预防。喷洒过有机磷农药的蔬菜、水果等青绿饲料在一个半月内不能喂猪；妥善放置毒饵（为毒鼠的磷化锌等），防止猪误食；应用敌百虫等含有有机磷的药物驱虫时，应由兽医负责实施，按猪体重准确计算药量，严格掌握浓度、剂量、用法，避免超量中毒。对农药应妥善保管，防止污染饲料、饮水和周围环境。不能用喂猪的用具（盆、桶等）配制农药，或用配制过农药的用具盛猪食。

第十节　猪有机氯制剂中毒

一、概述

猪有机氯制剂中毒是指猪因误食、舔食撒有有机氯制剂（如六六六、滴滴涕、毒杀芬）的青草饲料、蔬菜，或用有机氯药物杀灭外寄生虫时，在体表涂撒面积过大，有机氯经皮肤吸收而引起的一种中毒性疾病。临床症状主要表现为神经机能紊乱、敏感性增高、兴奋不安、肌肉震颤、衰弱、流涎、呕吐等。

二、临诊特征

急性中毒病例主要表现为精神沉郁，厌食，口吐白沫、流涎、心悸，呼吸加快，瞳孔散大、呕吐、下痢，中枢神经兴奋而引起肌肉震颤（先从眼睛、面部开始，逐渐扩大到全身，尤以四肢为重），眼睑痉挛，重者眼睑麻痹，体温升高，可视黏膜发红，呼吸困难，惊慌不安，常做后退动作或转圈运动，行动不自主，失去平衡而倒地，四肢乱蹬，角弓反张，空嚼，磨牙，这些症状反复发作，间隙由长变短，病情逐渐加剧，后因呼吸中枢衰竭而死亡。

慢性中毒则表现食欲减少，逐渐消瘦；拱腰，皮肤粗糙、发红，腹下、四肢内侧、颈下等部位有多量红色疹块，发痒，局部肌肉震颤，后躯无力甚至麻痹，站立不稳，行走时两后肢摇晃，慢性胃肠炎，排出稀粪。病猪反应敏感，轻度中毒时仅发出尖叫声，体温正常。

三、病理变化

急性中毒：病变不明显，仅有内脏器官的淤血、出血和水肿，全身小点出血，心外膜有淤血斑，心肌与肠管苍白。口服中毒有出血性、卡他性胃肠炎变化。经皮肤染毒的还可能伴发鼻盘溃疡，角膜炎，皮肤溃烂、增厚或硬结。

慢性中毒：病变比较明显，主要表现皮下组织和全身各器官组织黄染，体表淋巴结水肿、色黑紫；肝肿大，肝小叶中心坏死，胆囊胀大；脾脏肿为 2 ~ 3 倍、呈暗红色；肾脏肿大，被膜难以剥离，皮质部出血；肺脏淤血、水肿和气肿。

四、防治措施

（1）解救。切断毒物继续进入体内的途径，防止毒物的继续吸收，了解毒物的性质，采取相应的措施。注意：由于六六六、滴滴涕对心脏的直接毒害，对肾上腺素非常过敏，导致心室颤动，故严禁使用肾上腺素制剂。

（2）预防。加强农药的管理，防止猪误食农药和误饮食含有机氯农药的饲料和饮水。如果用近期洒过农药的青菜喂猪，一定要把青菜洗干净，在确定无毒之后再喂猪。养殖户在用有机氯农药进行体外驱虫时，应由兽医负责实施，按猪体重准确计算药量，严格掌握浓度、剂量、用法，不要反复多次应用，避免超量中毒。

主要参考文献

褚秀玲，苏丹．2012．猪病误诊误治及纠误 [M]．北京：化学工业出版社．

代广军．2003．规模养猪最新流行疫病防治技术 [M]．北京：中国农业出版社．

李观题．2016．现代猪病诊疗与兽药使用技术 [M]．北京：中国农业科学技术出版社．

李长友，李晓成．2015．猪群疫病防治技术 [M]．北京：中国农业出版社．

曲祖乙，李冰．2010．猪病防治技术 [M]．北京：中国农业出版社．

芮荣，王德云．2008．猪病诊疗与处方手册 [M]．北京：化学工业出版社．

史秋梅，吴建华，杨宗泽．2003．猪病诊治大全 [M]．北京：中国农业出版社．

易本驰，张江．2007．猪病快速诊治指南 [M]．河南：河南科学技术出版社．

张贵林．2005．土法良方防治猪病 [M]．第 2 版．北京：中国农业出版社．

章红兵．2014．猪场疫病控制手册 [M]．北京：中国农业大学出版社．

>> 附 录

附录一 猪场常用消毒药及使用方法

药名	使用范围及方法
氢氧化钠（苛性钠，烧碱）	2%~5% 溶液，用于猪舍，车辆用具，封锁疫区地面及道路消毒。注意本品具有腐蚀性。消毒完后用清水冲洗干净才可与猪接触
煤酚皂溶液（来苏儿）	2% 溶液消毒手、皮肤。5% 溶液消毒环境和用具。本品特臭，屠宰场不宜用
煤焦油皂溶液（克辽林/溴药水）	3%~5% 消毒环境与饲具。1%~2% 治疗疥螨。1% 溶液口服治疗胃膨胀，传染性肠炎。对大多数病原微生物及螨有效
氧化钙（生石灰）	对细菌有一定程度抑制杀灭作用，但对芽孢无效。10%~20% 石灰乳涂刷圈舍
次氯酸钙（漂白粉）	能杀灭细菌，芽孢，病毒。作用短而快。饮水消毒为每升水加 0.3~1.5 克，10%~20% 溶液用于圈舍，车船消毒。0.5% 用于饲具消毒。3%~5% 可用于尿、粪、脓液污染消毒
复合酚（菌毒敌，畜禽灵）	有杀灭细菌、霉菌、病毒作用。0.33% 溶液喷雾消毒猪舍、车辆。0.5% 消毒环境。1% 消毒排泄物
百毒杀	对细菌、病毒及真菌都有较强的杀灭作用。主要用于饮用水，带畜消毒及发生传染病时的紧急消毒，用 50% 浓度
福尔马林（甲醛）	对细菌、病毒及真菌都有很强的杀灭作用。0.8% 用于浸泡器械。1.2%~2% 用于地面、墙壁消毒。熏蒸消毒空间：1 米^3 空间用药 25 毫升，水 25 毫升，高锰酸钾 12.5 克，密闭门窗熏蒸 12 小时。熏蒸消毒应先放甲醛，放水，最后放高锰酸钾
高锰酸钾	有杀菌、除臭、氧化解毒作用。0.1% 用于饮水及黏膜，创伤冲洗消毒。2.5% 浸泡消毒饲具
过氧化氢（双氧水）	有防腐、除臭、清洁、收敛、止血作用。3% 溶液用于洗涤污秽的化脓创伤及深部瘘管等
过氧乙酸	对细菌、霉菌、芽孢，病毒均有效。0.01%~0.05% 消毒搪瓷玻璃。0.5% 消毒环境。1% 消毒排泄物
乙醇（酒精）	75% 的消毒作用最强，浓度高于或低于效果均不理想
赛可新（Selko-pH）	用于饮水消毒，用量为每升饮水添加 1.0~3.0 毫升，用于水线清洗消毒，应保持水线内 2% 的浓度过夜
农福	对病毒、细菌、真菌、支原体等都有杀灭作用。常规喷雾消毒作 1:200 稀释，每平方米使用稀释液 300 毫升；多孔表面或有疫情时，作 1:100 稀释，每平方米使用稀释液 300 毫升；消毒池作 1:100 稀释，至少每周更换一次
醋酸	用于空气熏蒸消毒，按每立方米空间 3~10 毫升，加 1~2 倍水稀释，加热蒸发。可带猪消毒。用时须密闭门和窗
二氧化氯消毒剂	可应用于畜禽活体、饮水、鲜活饲料消毒保鲜、栏舍空气、地面、设施等环境消毒、除臭；本品使用安全、方便，消杀除臭作用强，单位面积使用价格低

附录二 推荐猪场防疫程序表

防疫日龄	疫苗种类
种猪	每年 5 月份前注射乙脑疫苗
种公猪、母猪	每年口蹄疫、猪瘟疫苗各免疫二次
后备母猪 6~7 月龄 配种前 7~30 天	需接种细小病毒、伪狂犬、蓝耳病、猪瘟疫苗各一次（间隔 5~7 天）
母猪 配种前 6~12 小时	注射促排 3 号（提高产子数量）
妊娠母猪	
产前 40~45 日龄	大肠杆菌疫苗
产前 30 日龄	伪狂犬疫苗
产前 20~25 日龄	猪传染性胃肠炎 - 腹泻二联苗（秋冬季）
产前 15~20 日龄	大肠杆菌疫苗
生产过程中	注射催产素（产出 1~2 头猪之后）
产后当日	注射产后康（百炎消）针剂
初生仔猪	
2 日内	注射补铁针和特能干扰素（预防仔猪腹泻）
15~20 日龄	水肿疫苗
30 日龄	猪瘟疫苗（秋冬季注射气喘病疫苗）
35 日龄	链球菌疫苗
40 日龄	蓝耳病疫苗或伪狂犬疫苗
50 日龄	口蹄疫疫苗、驱虫一次
60 日龄	猪瘟、猪丹毒、猪肺疫三联苗
90~100 日龄	猪瘟单联苗

注：1. 以上防疫程序仅供参考

2. 任何疫苗都可能有过敏反应（尤其是猪瘟），请备好抗过敏药物，如肾上腺素、地塞米松等

附录三 猪场常用药物

药名	适应症	用法
阿莫西林	严重的肺炎、子宫炎、乳房炎、急泌尿道感染；组织穿透性比羟氨苄青霉素强	2~7毫克/千克体重，肌内注射
阿托品	解毒及缓解胃肠蠕动，特别是严重拉稀时，配合抗生素使用效果好	麻醉前给药，0.02~0.05毫克/千克，解救有机磷酸酯类中毒，0.5~1毫克/千克。
阿维菌素	对线虫、绦虫、吸虫及皮肤寄生虫疥癣有较好效果，但毒性较大，易造成母猪流产	内服或皮下注射，一次量，0.3毫克/千克。
安洛血	止血针	肌内注射，一次量，2~4毫升。对大出血、动脉出血无效。用药前48小时应停用抗组胺药
安钠咖	强心药	静脉、肌内或皮下注射，一次量，0.5~2克
安乃近	解热镇痛。对怀孕母猪使用的剂量不能过大，否则会导致流产	一次量，内服2~5克，肌内注射1~3克
安痛定	解热镇痛，注意：对怀孕母猪使用的剂量不能过大，否则会导致流产	肌内或皮下注射，一次量，5~10毫升
氨苄青霉素	用于严重的肺炎、子宫炎、乳房炎、急性泌尿道感染	2~7毫克/千克体重，肌内注射
氨茶碱	平喘，舒张支气管，对喘气、咳嗽猪能迅速平喘	肌内注射或静脉注射，一次量，0.25~0.5克，用量过大、浓度过高或注射速度过快都可能强烈兴奋心脏和中枢神经，故应稀释后使用
氨基比林	解热镇痛，对怀孕母猪使用的剂量不能过大，否则会导致流产	肌内或皮下注射，一次量，5~10毫升
北里霉素	对猪的喘气病效果较好，同时有一定的促生长作用	2~10毫克/千克体重
丙硫苯咪唑	对线虫、绦虫、吸虫均有较好效果，也较安全	
促排卵药物	包括绒毛膜促性腺激素，排卵2号，3号等；配种后肌内注射，可使每胎产仔数增加2~3只	
大黄	泻药	
敌百虫	传统上常用它进行猪驱虫，效果好，但易中毒，有一定的健胃作用	内服，一次量，80~100毫克/千克
地塞米松	抗炎、抗毒、配合青霉素和安痛定使用，但会导致母猪流产和泌乳减少	肌内或静脉注射，一日量，4~12毫克
丁胺卡那	对呼吸道感染，特别对咳嗽，喘气较好，也有一定的毒性	5~15毫克/千克体重
恩诺沙星	第三代喹诺酮类，对呼吸道，肠道病有较好效果	0.5~10毫克/千克体重，不能口服
氟哌酸	属于喹诺酮类抗生素，对克+、克-菌均有效	0.5~10毫克/千克体重
杆菌肽锌	对克+菌有较强作用，对生长有促进作用	混饲，6月龄以下，4~40毫克/千克
红霉素	广谱抗生素；组织穿透性也较好；对子宫炎、呼吸道炎效果较好	8~10毫克/千克体重
环丙沙星	第二代喹诺酮类，效果比氟哌酸更好	0.5~10毫克/千克体重
黄体酮	用于母猪的保胎，安胎	肌内注射，一次量，15~25毫克

续表

药名	适应症	用法
磺胺 -5- 甲氧嘧啶（长效磺胺 D）	广谱合成抗生素	混饲，200 毫克 / 千克，不可连用超过 10 天，肌内注射，15 ~ 20 毫克 /（千克·次）
磺胺 -6- 甲氧嘧啶（长效磺胺 C）	广谱合成抗生素，对猪弓形体病效果好	0.07 ~ 0.1 克 / 千克体重，口服、肌内注射
磺胺二甲基嘧啶（SM2）	广谱合成抗生素，对猪弓形体病效果好	0.07 ~ 0.1 克 / 千克体重，口服、肌内注射
磺胺甲基异恶啉（SMZ）又叫新诺明	抗菌谱较广，常与 TMP 合成增效	0.07 ~ 0.1 克 / 千克体重，口服、肌内注射
磺胺胍（SG）	不吸收，只对肠炎有效	0.1 ~ 0.2 毫克 / 千克体重
磺胺嘧啶（SD）	广谱合成抗生素	0.1 ~ 0.2 毫克 / 千克体重，口服、肌内注射
金霉素	广谱抗生素，对肠炎、拉稀效果好	饲料添加，75 毫克 / 千克
卡那霉素	对呼吸道感染，特别对咳嗽、喘气较好，但毒性较大	5 ~ 15 毫克 / 千克体重
喹乙醇	属于喹恶啉类，有抗菌、促生长作用	50 毫克 / 千克拌料
痢菌净	属于喹恶啉类，对血痢及其他下痢均有效	2.5 ~ 5 毫克 / 千克体重
痢特灵	对猪的肠炎包括大肠杆菌、球虫、小袋虫等拉稀均有效	5 ~ 10 毫克 / 千克体重，口服
链霉素	抗革兰氏阴性菌，在临床上常与青霉素配合使用	10 毫克 / 千克体重
林可霉素	对 G + 菌有较强作用，同时对呼吸道咳嗽效果好	20 毫克 / 千克体重
硫酸镁	泻药	静脉、肌内注射，一次量，2.5 ~ 7.5 克
硫酸钠	泻药	
氯前列腺素	有催情、催产、同期分娩等功效	肌内注射，一次量，0.05 ~ 0.1 毫克
羟氨苄青霉素	用于严重的肺炎、子宫炎、乳房炎、急性泌尿道感染；组织穿透性比氨苄青霉素强	2 ~ 7 毫克 / 千克体重，肌内注射
青霉素钾	猪感冒、丹毒、肺疫、败血症、乳房炎及各种炎症和感染	1 万 ~ 1.5 万 / 千克体重，肌内注射
青霉素钠	猪感冒、丹毒、肺疫、败血症、乳房炎及各种炎症和感染	1 万 ~ 1.5 万 / 千克体重，肌内注射
庆大霉素	广谱抗生素	1500 单位 / 千克体重
三合激素	用于母猪催情	
三甲氧苄氨嘧啶（TMP）	常与磺胺类药物合用，可提高几倍效果	按 1 : 5 比例与磺胺类合用
肾上腺素	抗过敏，抗休克作用；对疫苗过敏要立即肌内注射进行解救，同时对喘气、咳嗽很严重的病猪也可肌内注射进行解救	一次量，皮下注射 0.2 ~ 1 毫升，静脉注射 0.2 ~ 0.6 毫升
双甲脒	对皮肤疥癣效果较好，价格便宜	以双甲脒计，药浴、喷洒或涂擦，配置成 0.025% ~ 0.05% 溶液，本品对鱼剧毒

续表

药名	适应症	用法
四环素	广谱抗生素，对肠炎、拉稀效果好	静脉注射，一次量，5~10毫克/千克，内服，10~20毫克/（千克·次）
速尿	对水肿病的治疗配合用药	即呋塞米，内服，一次量，2毫克/千克，肌内、静脉注射，一次量，0.5~1毫克/千克
泰乐菌素	对猪的喘气病效果较好，同时有一定的促生长作用；	2~10毫克/千克体重
土霉素	广谱抗生素，对肠炎、拉稀效果好	肌内注射，一次量，10~20毫克/千克
维生素针 B₁₂	健胃、补体；对一般无体温变化的猪，配合用药	肌内注射，一次量，0.3~0.4毫克
维生素针 B₁	健胃、补体；对一般无体温变化的猪，配合用药	皮内、肌内注射，一次量，25~50毫克
维生素针 K₃	止血针	肌内、静脉注射，一次量，犊，1毫克/千克
先锋霉素5号	作用更广泛，效果好	2~7毫克/千克体重，肌内注射
先锋霉素6号	作用更广泛，效果好	2~7毫克/千克体重，肌内注射
新霉素	对肠炎有特效	20~30毫克/千克体重，口服
新斯的明	促进胃肠蠕动，起着健胃，帮助消化作用，作用与阿托品恰恰相反	肌内、皮下注射，一次量，2~5克
雄激素	包括甲基睾丸酮、丙酸睾酮、苯丙酸若龙、去氢甲基睾丸酮等，该类激素除了提高公猪性欲之外，对僵猪的康复也有一定的作用	丙酸睾酮，肌内或皮下，0.25~0.5毫克/（千克·次），苯丙酸诺龙，肌内或皮下，0.2~1毫克/（千克·次），2周1次
嗅氢菊酯	对皮肤疥癣效果较好	用量30~100毫克/千克
伊维菌素	驱虫药，对线虫、绦虫、吸虫及皮肤寄生虫疥癣也有较好效果，但毒性较大，易造成母猪流产	混饲，2毫克/千克，连用7日；皮下注射，一次量，0.3毫克/千克
己烯雌酚	用于母猪催情和分娩时开张子宫颈口	
孕马血清	母猪的催情和助情作用，使用时往往与氯前列烯醇配合使用，但要注意，肌内注射后1~2小时内易过敏	
樟脑	强心药	樟脑磺酸钠，静脉、肌内或皮下注射，一次量，0.2~1克
止血敏	止血针	即酚磺乙胺，肌内、静脉注射，一次量，0.25~0.5克
子宫收缩药	包括催产素、麦角、氯前列烯醇	麦角新碱，肌内、静脉注射，一次量，0.5~1克/次；氯前列烯醇，肌内注射，0.05~0.1毫克/次
左旋咪唑	主要驱线虫，较安全	内服、皮下或肌内注射，一次量，7.5毫克/千克